目　录

楠溪江支流鹤盛溪（李玉祥 摄）

前言

　　1990年和1991年，我和同事们在浙江省永嘉县的楠溪江中游工作了两年，研究那里的乡土建筑。我们的做法是，在一个生活圈或文化圈的范围里，全面地研究乡土建筑的整个系统，把乡土建筑和乡土文化、乡土生活联系起来研究。我们工作的成果由《汉声·民间》杂志于1992年10月出版，作为它的第46、47、48三期，一共332页。次年8月再版。

　　三联书店打算出版《乡土中国》系列丛书，建议我把楠溪江中游的乡土建筑择要写成三万字的一小册。盛情难却，我就遵命照办。删削多了，不免顾此失彼，很难保持系统的完整性。行文也不得不掐着手指计数，不敢点染，恐怕读起来会枯燥一些。即使如此精打细算，字数还是五万冒出了头。

　　楠溪江流域是个难得的独立的文化圈，很适合于我们的研究。不过，下游离温州太近，村落早就已经现代化了，上游过去比较贫穷，村落发育程度很低，我们就把工作限定在中游的村子里。为了慎重，我们还是翻山越岭，考察了东、北、西三面的分水岭一带，明确了这个文化圈的边界。在这个范围里，散布着两百多座单姓的血缘村落，一座村落就是一个宗法共同体，宗族组织管理着一切，维护着社会生活的秩序。它主持祭祀，负责伦理教化，兴办教育和公益事业，操持年时节下的公共娱乐，保护自然环境，规划村落建设，等等。宗族共同体，因此是一些类似独立的自治单位。在自然经济时代，绝大多数村落是纯农业村落，村民们男耕女织，过着近乎自给自足的生活。生活很简朴，只有极少数几个村镇有商店，其余的，就靠串村的货郎，他们的拨浪鼓叮咚一响，妇女们从家门涌出，挑选些针头线脑、零碎布料。自然经济下的自治单位，一个村落，因此大体上便是一个完整的生活圈。

乡土建筑的存在方式是形成村落。楠溪江的血缘村落，既然大体上是完整的生活圈，我们的乡土建筑研究正好从这样的村落下手。在这样的村落里，村民们的社会生活自成一个独立的系统。和生活的系统相对应，村民们创造了乡土建筑的系统，它们服务于生活的各个方面。我们要研究的便是这个乡土建筑的系统，研究它怎样被创造出来，怎样服务于生活。所以，这是一种建筑文化的研究。

作为一个纯农业地区，楠溪江中游个别村落的乡土建筑系统不很发达，建筑类型不够丰富。好在这个地区是一个统一的乡土文化圈，因此我们便能把我们调查了的三十三座村落综合起来研究，这样就可以形成一份内容比较全面而充实的成果。

在宗法制的传统农村里，根深蒂固的生活理想是"耕读传家"。耕是生活之本，读是农民攀登社会阶梯的唯一道路，科举的道路。教子弟读书，是宗族共同的大事。楠溪江有幸受到历任永嘉地方长官的特别关注，以提倡读书进仕来平抚当地强悍的民情。因此楠溪江村落的文风很盛。荒山野林里的小村子都会有书院，出过进士。在乡文人也很活跃，在村落生活中起着主导作用，他们浓厚的文化气息弥漫在山水之间，润物无声。这就造成了楠溪江乡土文化的一个重要特点，也成为楠溪江乡土建筑的一个重要特点。所以我们在研究工作中给了在乡文人很多的注意。他们是上层文化与乡土文化之间的桥梁，通过他们，上层文化有力地影响着楠溪江的乡土文化。

楠溪江的自然风光极其秀丽，它们也有力地参加了当地的乡土文化和乡土建筑的塑造。加强了楠溪江文化中对自然美的审美意识的，主要

埭头村卧龙冈（李玉祥 摄）

还是在乡文人。这种审美意识，在他们所熟悉的上层文化中本来就是很
活跃的因素。

楠溪江中游的乡土建筑，个性特点非常鲜明，从村落整体有规划的
建设布局，到房屋个体的形制和风格，都明显不同于江南其他各地。渗
透在村落和房屋里的，是浓郁的耕读文化的书卷气和乡民们淳厚朴实的
性格，以及青山绿水长年陶冶出来的对自然的亲和感。上层人士努力培
育的封建主义的礼乐教化也历历可见。

但把乡土建筑和乡土文化、乡土生活联系起来研究，也就是把乡
土建筑作为乡土文化和乡土生活的人为环境、条件和舞台，同时也作为
乡土文化的载体和要素来研究，困难很多。主要是：村落和建筑大多是
明清两代的，甚至有宋代的遗迹，而生活和文化的绝大部分已经近现代
化了，在它们之间有很大的历史错位。不得已只好求助于宗谱、地方志
之类的记载。幸好村民们怀着对祖先的敬畏之情，舍生忘死地保护着宗
谱，使它们中的大部分得以逃过近几十年的历次劫难。但编写这些文献

的人都是士绅，他们总是带着上层统治文化的偏见，喜欢描写家乡科甲连登成为"小邹鲁"的一面，描写家族书礼继世的一面，对于真正下层农民的乡土文化和乡土生活很少兴趣。至于建筑工匠的情况，只能从古老民谣里得到一些零星资料。因而，我们很难完整地了解当时的乡土文化与乡土生活，更不用说它们和乡土建筑的关系了。我们在楠溪江的工作，只不过表明我们有这样的追求而已。

乡土建筑是中国建筑遗产的大宗。不研究乡土建筑，就没有完整的中国建筑史。同样，不研究乡土文化和乡土生活，就没有完整的中国历史。要研究它们，就得走出书斋，到农村去，到农民中去。乡土建筑，以及乡土文化和乡土生活的研究已经刻不容缓，因为能够作为见证的实物和耆老正在以极快的速度消失。再按老习惯坐在书斋里从史籍上做学问，我们将失去我们民族的历史。

《乡土中国》系列丛书以记述乡土生活、文化为宗旨，我们很高兴把乡土建筑的一项研究成果作为它的一部分。

陈志华
1997 年 12 月

探访古村落

芙蓉村

青青的山上耸立起三块悬岩。乡人们说，它们像一朵芙蓉花。于是，山下便有了芙蓉村。木芙蓉是楠溪江中游的乡土树种，溪边墙角，粉粉白白，开得清清爽爽。但芙蓉峰却是一朵水芙蓉，村中央开了一方水池，可可儿地把芙蓉峰倒映在池里，这村子还能叫别的名字么？

山川秀丽，必有俊彦。芙蓉村年轻人牛角挂书，亦耕亦读，出过几位进士，大宗祠里还挂着一块金龙盘边的状元匾。村人说，南宋时候，小小的芙蓉村有"十八金带"，便是同时有18个人在临安当京官。于是，便又有人说芙蓉峰像纱帽，村前的小溪像玉带。没有好风水，哪里来的功名富贵呢？

但是，"读圣贤书，所学何事"，无非是"孔曰成仁，孟曰取义"。有了知识，当了官，就承担了庄严的社会责任。南宋末年，元兵南下，咸淳元年进士陈虞之响应文天祥，起兵勤王，率领全村义士八百多人据守芙蓉峰三整年，全部殉难。山下离离蔓草丛中，散乱着几块残破的青石，那就是陈虞之的墓。

元兵把芙蓉村荡为平地。芙蓉花年年都开，不久之后，陈氏后人又重建了一座新的芙蓉村，像芙蓉花一样，素雅而充满了清新的生气。

芙蓉村芙蓉亭（李玉祥 摄）

　　废墟上重建新村，容易整齐。遗存至今的芙蓉村，平面是个长方形，占地14.3公顷。一圈寨墙，都用大块蛮石砌筑，墙上有铳眼。西门外碧绿的农田一直铺到青山脚下，农夫们"晨兴理荒秽，戴月荷锄归"，从寨门出出进进。南门外一条小溪，水色澄碧，奔流不息。妇女们提着鹅兜，领着孩子，到溪边洗衣，把鲜艳的色彩和款款的谈笑声一起流进水里，闪闪烁烁。村人们心疼妇女和孩子，怕暴雨淋，怕骄阳晒，给他们在一旁造了一座凉亭，亭子里的三官大帝，笑眯眯坐着，也被青春的场景陶醉。东门是村子的正门。村里官多。正门就得有点儿官气。两层楼阁、画栋雕梁，檐下斗栱把象鼻形的下昂挑出老远。进门右手边是陈氏大宗祠，形制完备。左手边是乐台，每逢节庆大事，有乐队吹吹打打，迎接贵宾进村。

一条宽宽的主街，从东门笔直向西，正对芙蓉峰，有个优雅的名字叫如意街。街的中段，就是倒映着芙蓉峰的芙蓉池。池中央有座芙蓉亭。玲珑的亭子托起高高挺起的翼角，又像一朵盛开的芙蓉花。它背后天际舒展着芙蓉峰，峰和亭的影子在芙蓉池里重叠。芙蓉池边，汲水浣纱的妇女，像芙蓉花一样美丽。芙蓉亭里，整天坐着些老年人，默默相视，沉浸在几十年的友谊里。他们交谈些传说轶事、农事年景，都轻声细语，为的是怕

芙蓉村住宅和巷道旁水塘（李玉祥 摄）

扰乱了隔墙飞过来的读书声。墙那边便是芙蓉书院，那里教化过精通翰墨经史的进士举人，也教化过为民族舍生忘死的志士仁人。哎，低声些，让那琅琅书声飘得更远，飘满全村。

全村各个角落又有启蒙的初级学塾。宗族规定，要厚待老师，要资助学子。学塾里栽花种竹，房舍精洁，给读书郎一个文明的环境，涵养性情。村子西北角上，康熙年间造的司马第的学塾，镂空花墙后假山小池，俨然一座园林。

如意街南北，小巷纵横，铺着卵石，被几百年先人们的足迹磨得圆润、细雨轻泅，闪出柔和的光泽。巷子里有井，姑娘们担水走过，履声在小巷里回响，清脆，却静悄悄。小巷曲折，到处可以见到竹树掩映，短篱矮墙遮不住宽敞的院落，向巷里行人亮出主人的家居生活。是晒谷，是磨粉，是打年糕，还有孩子们在廊下数着雏燕，数不清了，便

一头扑向母亲的怀里。行人隔着矮墙头上的菊花，问主人，新酒熟了没有？

小小的住宅，自然灵活，无规无矩，不受拘束。几片粉壁，勾勒出原木，随弯就曲，像一幅版画小品；衬托出蛮石，刚强浑厚，像武士的雕像。屋顶微微翘曲，轻盈舒展，它随时会振翅飞去吗？楠溪江的山水竟会陶冶出楠溪江人这么朴实又这么精致、这么豪放又这么敏感的审美情趣。

小巷转角处，会有一口池塘。塘岸的百日红，累累垂向水面，像少女们对镜梳妆。在楠溪江青山绿水之间吟出中国第一批山水诗的谢灵运，思念弟弟，写下"池塘生春草，园柳变鸣禽"的千古名句。南宋诗人"永嘉四灵"之一的赵师秀则写道："清明时节家家雨，青草池塘处处蛙。有约不来过夜半，闲敲棋子落灯花。"原来一方小池，竟可以有这么深的感情寄托。

楠溪江人是有感情的，任何人见到他们被阳光烤成紫铜色的胸膛，就会知道它的宽阔，感到它的坦诚。于是就能理解，只有他们，才会建造出那么安静宁谧、那么祥和温馨的村落。

芙蓉峰上的义士也罢，纱帽岩下的官宦也罢，他们，都是这个村落的子弟。普普通通的村民养育了他们，便养育了民族的文化和精神。

芙蓉峰是永恒的。

苍坡村

都说乡土建筑是一本乡土生活和乡土文化的历史书。乡民们想些什么，做些什么，村落和房舍就记录下什么。

楠溪江村边的路亭里，村中的水阁里，美人靠上靠着的是些满脸风霜的老年人，他们把楠溪江人的遗闻逸事一遍又一遍絮说，一代又一代流传了下来。这些遗闻逸事，在乡土建筑这本历史书上都能读到。田夫野老最爱说的故事里，有几则发生在小小的苍坡村。

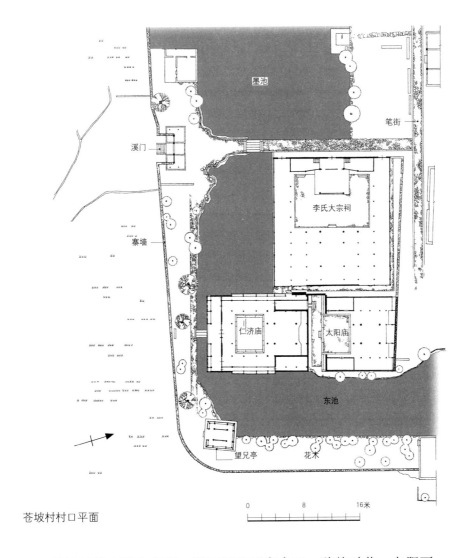

墨池

笔街

溪门

李氏大宗祠

寨墙

仁济庙

太阳庙

东池

望兄亭　　花木

0　　　8　　　16米

苍坡村村口平面

　　苍坡村的东面和南面，平展展几百亩水田。秋熟时节，夕阳下，橙红色的稻叶像遍地的火焰，一直烧到苍坡村寨墙下。村子的西面和北面，层层叠叠的山峦，青绿色，倒像汹涌的海浪。这村子，初建于五代后周显德二年（955）。

　　溪水从西北来，快快活活流进苍坡村，曲曲折折在小巷里流过，把清凉和洁净送到家家户户。流到村子东南角，寨墙加高加厚，把水拦蓄

苍坡村寨门（李玉祥 摄）

成两个大大的池子，一个在东，叫东池，一个在西，叫西池。

村子的正门开在南寨墙上，两个池子之间，偏一点儿西。传说苍坡村跟南面的霞美村有世仇，各自在风水上斗法。苍坡村的正门前辟了两亩来大的一泓半月形的水池，抵挡霞美村施射过来的煞气。池里荷叶田田，池边蒹葭苍苍，衬托着质朴而雄壮的寨门。那寨门，结构刚健，显出乡民的性格。

一进寨门，便打开了历史书，左边一页是西池，右边一页是东池。夹在两页之间的，是李氏大宗祠。传统农业时代，宗祠照管着村民生活的一切方面。它最关心的两件事，一是聚亲睦族，一是科甲连登，事关生存和发展。

那西池一页，记载的是半耕亦半读的生活理想，祠规教导："耕为本务，读可荣身。"耕读的理想，要风水来寄托。

村子的西方有一座山，三个尖尖的山峰，齐齐地并肩而立。村人

苍坡村仁济庙（东侧）（李玉祥　摄）

说，那是笔架。西池宽阔，村人说，那是砚池。笔架山正巧倒映在砚池中，村人说，那是"文笔蘸墨"，权把笔架当作笔尖。真正的笔在西池北岸，村子的主街，它又平又直，正对笔架山，就叫笔街。砚池北岸还有小小一方空地，躺着三根几米长的石条，便是墨锭。其中一根已经研磨过，端头有一点儿斜。笔街以北，展开村子的建筑区，几条巷子，把它划成竖格，那不是笺纸又是什么？

　　笔墨纸砚，文房四宝，一一都齐全了。年轻的读书人啊，你们还缺什么？缺的只是你坐下来，静心息虑，刻苦攻读了。"朝为田舍郎，暮登天子堂"，这样的机会，只等你自己去抓紧。前辈们成功的榜样，你们不是已经看到了吗？三退巷和九间巷里整整齐齐的大宅子，便是"书中自有黄金屋"的明证。

　　再看东池那一页历史。东池不宽，南北向倒有一百几十米长。北头有一座水月堂，南头是兼作拦水坝用的寨墙。墙上立着一座望兄亭。水

探访古村落　11

月堂和望兄亭都说着同样的故事，两个故事，一个发生在北宋末年，一个在南宋初年。

水月堂的故事略略有点儿叫人凄然神伤。徽宗时候，苍坡八世祖李霞溪任迪功郎，他哥哥李锦溪任成忠郎，兄弟友好，情深意切。李锦溪在宣和二年随童贯征辽，不幸战死沙场，为国捐躯。李霞溪心碎肠断，不能再在汴京当官，就辞去职务，回归故里。这时候东西两池已经形成，他便在东池北头水中央造了这座水月堂，住在里面，日夜思念兄长，"寄兴觞咏，以终老焉"。

望兄亭的故事有点儿浪漫。南宋高宗时候，七世祖李秋山、李嘉木两兄弟感情深笃。建炎二年（1128），李秋山迁徙到东面两里路外的方巷村。弟弟每天一早就站在寨墙上向东远望，等待哥哥踏着田间的卵石路走来，"会桃李之芳园，叙天伦之乐事"。晚上，弟弟送哥哥到方巷，哥哥再回送弟弟到小溪边。弟弟进了苍坡村，先到寨墙上摇一摇灯笼，哥哥见了才放心回家休息。天长日久，弟弟在寨墙上造了望兄亭，哥哥在小溪边造了送弟阁。两座亭子遥遥相望，一模一样。望兄亭上的对联，写的是"礼重人伦明古训，亭传佳话继家风"。这古训、这家风，就是告诫子弟，家族内部，大家要相亲相爱。宗族的内聚力是宗族兴旺发达的基本条件。

西池东池，两页书写的是农业社会中关系宗族命运最重要的两件大事。

还有第三件大事，那便是敬祀神明。大宗祠的东南侧，西池东池之间的中缝里，十世祖李伯钧于南宋孝宗淳熙七年造了一座仁济庙，庙里供的是平水圣王周凯。他是西晋人，能治水患，屡显神异，唐时封为平水显应公，宋时加爵护国仁济王。水是农业的命脉，在农业社会中，管水的神总会受到特殊的尊崇，不论是兴水利的还是平水害的。或许因为他是水神，所以让他的庙三面临水，东面是东池，西面是东西两池之间的一个小池，南面则是连通东西池的一道渠水。临水的三面都用敞廊，设美人靠。人也亲水，庙也亲水，异常地轻灵妩媚。庙里的院落，竟也是一池水，种着莲花，清香四溢。庙融进了园林里，人性化了。人性化正是乡土神灵的特色，他们用慈爱的心，抚慰人们的痛苦，给人们以生活的希望。

岩头村

火热的太阳底下，一队破衣烂衫的人，各挑一副沉重的大筐，紧捯脚步，走进岩头村的东门——献义门。这些是脚夫，他们给老板从乐清挑盐到缙云去卖，路过岩头，这楠溪江中游最大的村落（占地18.5公顷），江西岸唯一有商店的村落。它创建于南宋初年，或说初建于元代延祐年间。

进献义门，向南一拐，便是一条三百米长的商业街。街东一溜店铺，店面前搭出厦廊，覆盖着整条街。脚夫们放下盐担，斜倚到街西的美人靠上，点一袋烟，吹一身风。美人靠外，一带长湖，莲花莲叶，一直铺开到远远的对岸，岸边粉壁青瓦，闪闪像鳞片。缕缕的炊烟升起，微风送过来苦味的柴香，叫脚夫们仿佛感到灶头的温馨，渐渐退尽了汗珠。这长湖叫丽水湖，是岩头村十八胜景之一，这街，叫丽水街。街廊上有一副对联，写的是"萍风碧漾观鱼栏，柳浪翠泛闻莺廊"。又观鱼又闻莺，这里难道是商业街么，歇在美人靠上的人是为了可怜的几个脚钱奔走在艰险山路上么？怎么不是呢？那分明是七十二小店，柜台上陈列着烟草、煤油、洋布、食盐、火柴，还有几罐浸着杨梅的烧酒，深深的紫红色。

献义门这头，丽水湖的北岸，有一座茶馆，泡一杯土茶，跟过往的人谈谈各路异闻奇事，很能解乏，但要花几个钱，脚夫们不去。他们顺弯弯的丽水街南下，到尽头，是乘风亭。亭子里有泡着暑药的凉茶，有备足了柴草的锅灶，脚夫们可以免费喝茶、点火，把随身带来装着糙米和霉干菜的竹筒往锅里一煮，一忽儿香气飘出，竹筒饭便熟了。亭子的柱子上挂着一串一串金黄色的草鞋，行路人翻过脚底板看看，鞋底磨穿

岩头村住宅院门

了，取下一双来换上，也不必付钱。亭里有一副对联，写道："茶待多情客，饭留有义人。"善心的主人称辛苦的过客为多情和有义的人，问饥问渴，多么仁厚。他们温暖的关怀，叫为生计奔波的人懂得了乡情，认识了乡亲。

丽水街本来是一段兼作拦水坝的寨墙，叫作长堤。丽水湖便是由它拦蓄而成的。嘉靖年间金氏桂林公建设岩头村水利工程时候筑成。初时河堤上作为子弟们演习骑射的场所，以防萎弱，而且事关全村风水，规定"只许种树莳花与建亭点缀风景而已，不与筑屋经商"。后来，骑射荒废了，河堤成了道路，"挑盐过缙云，一天一分银"，从乐清来的盐贩络绎不绝，以至"民元以来，商业日渐发达，四处商贩云集，市场扩大"，河堤一带，终于"悉已筑为商店"，"风水迷梦，今则破除之矣"。

挑脚的人从乘风亭南侧出村，丽水街到亭子结束。河堤在这里转向

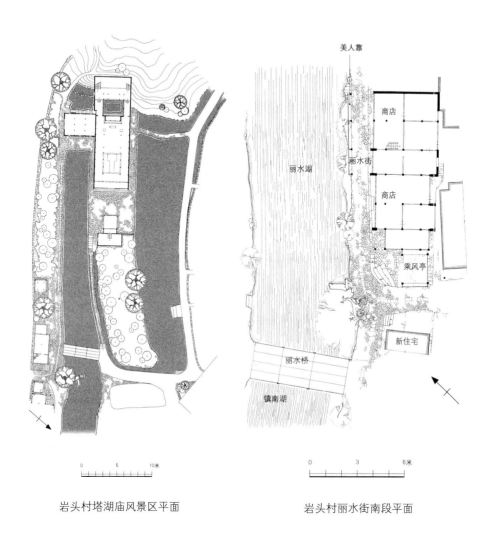

岩头村塔湖庙风景区平面　　　　　　岩头村丽水街南段平面

西走，兼作岩头村的南寨墙，又拦蓄成了镇南湖和进宦湖，形成楠溪江中游村落中最大的公共园林。乘风亭前三跨的石板桥，叫丽水桥，造于嘉靖三十七年，是丽水湖和这个风景区的分界线。一棵古老的大樟树，远远伸出枝丫，俯身爱护着它。

公共园林包括河埠、琴屿以及琴屿南北两侧的镇南湖和进宦湖，西端还有一座小小的汤山。河埠上古木参天，荫蔽着一座接官亭，又叫花亭，造型很别致。琴屿上满种木芙蓉，粉的、白的，还有朝粉暮白的，夏秋两季，开得热热闹闹，像锦云一片。琴屿西头，汤山东麓，造一座塔湖庙，庙门外搭着个戏台。庙右首是森秀轩，桂林公的书斋，轩后小院里凿一方右军池，流水潺潺。庙左首是文昌阁，面对不大的智水湖。阁后，汤山顶上，立一座灰白大理石的文峰塔。汤山北麓，是祭祀桂林公的专祠水亭祠。这公共园林是在乡文人的活动场所。他们在里面读书、吟咏、作画、垂钓，涵养性情，欣赏四野里大自然的蓬勃生机。

岩头村苏式店面（李玉祥 摄）

　　专祀桂林公的水亭祠，本来是桂林公造的书院，和文峰塔、文昌阁呼应。楠溪江中游任何一个村落，都决不怠慢读书，何况岩头金氏这样的大族。村人们到现在还口传宋代大学者叶适，曾在岩头读书，说起来很觉得光彩。更光彩的是岩头村北门仁道门口金氏大宗祠前的进士牌楼，是明世宗赐给大理寺左寺右寺副、端州知府金昭的。牌楼八米多高，少年读书郎，吃力地抬头仰视，心中会涌起多少羡慕，多少憧憬？从北门进来的那条南北主街，便叫进士街。

　　进士街南头，横街的丁字路口，把角两家店铺，外檐装修很华丽，村民叫它们苏式店面。商业刚刚萌芽，行旅稍有往来，岩头村的建筑风格就开始走向多样化，显见眼界宽了，心思便也活了。

　　横街往南，有四条直街，街上曾有联排十几座三进大宅，传说也是桂林公主持统一建造的。太平天国运动的时候，世仇枫林镇告发岩头村勾结"长毛"，官兵来烧了这一大片。后来在老基址上造了些小房子，它们的墙脚还砌着大宅的残石，可以想见当年的豪华。

大宅最多的是浚水街。七米多宽的街，两米多宽的水渠。水渠从村北二里左右的五㴖溪引来，进村子西北角，形成上花园，以后分前浚、后浚，前浚向东，又形成下花园，并且分支流经大半个村子，从北头注入丽水湖。后浚顺村子西部的浚水街南下，在水亭祠西南角汇合汤山北麓从西来的水渠，

岩头村接官亭（李玉祥 摄）

注入塔湖庙风景区的几个湖里。这是由元代日新公开始，明代桂林公扩大并且完成的引水工程的主体，是楠溪江中游最大、最成功的水利工程，快五百年了，现在还滋润着全村人的生活。

蓬溪村

当过永嘉太守，在楠溪江写下中国最早一批山水诗的谢灵运，于南朝刘宋文帝元嘉十年在广州遇害之后，他的次子扶柩回永嘉，建墓于温州城内飞霞洞侧，并定居在温州城里。后来，"诜五五公游楠溪，见鹤阳之胜，又自郡城迁居鹤阳"，时间在北宋。鹤阳村在楠溪江中游东北，鹤盛溪畔。子孙繁衍，逐渐分出新村，沿鹤盛溪的有鹤盛、鹤湾、东皋和蓬溪等。在整个楠溪江流域，谢氏村落有二十多个。东皋和蓬溪

岩头村住宅（李玉祥 摄）

大约建村于南宋。谢氏的总祠在鹤阳，那里供奉着谢灵运的神主。

楠溪江村落的选址看重风景，或许因为脉管中流着康乐公①的血，谢氏村落都在山水最美处，其中尤其是鹤阳和蓬溪。楠溪江村落的选址又看重安全，鹤阳和蓬溪也是道路险阻，很难进入。楠溪江房舍多用蛮石原木，本性、本形、本色，经几片粉壁勾勒衬托，如画如塑。鹤阳和东皋，在竹树掩映中，这样宛自天然的房舍像谢灵运的诗一样清新。

鹤阳、东皋两村，都要走过鹤盛溪上长长的矴步才能到达。东皋村寨门前的矴步，全长121米，211步。矴步又叫过水明梁，一步一块母矴，隔六七步，有一块母矴旁边附一块子矴，便于对面行人避让。楠溪江民风淳厚，乡民习惯，矴步上，男让女，长让幼，空手让挑担，轻担让重担。夏季山洪过后，整修矴步，全村男女老少一齐踊跃，溪滩上人影穿梭，号子声和着水声，沉重中透着欢快。溪边小亭里，石碑上刻

① 谢灵运，南朝宋山水诗人，谢玄之孙。袭封康乐公，人称谢康乐，曾任永嘉太守。

着一次次的整修，出钱出力，琐屑必录，叫人们永远记得公益事业的崇高。

蓬溪村的形势最险固。它在一个袋形盆地里，三面高山重重，只有北面缺口，却又被鹤盛溪封住。先人们凿山开路，在溪西绝壁上架起一里多长的栈道，村子才能出入。① 小心翼翼走过栈道，村口叫霞港头，鹤盛溪在这里一个反弯，霞港头正对弓背，好在岩体坚牢，不怕冲刷。不过，为了更加可靠，霞港头上造了一幢关帝庙。关帝降妖伏魔，镇灾禳祸，楠溪江各村的水口大都有他的香火。和各村的关帝庙一样，蓬溪的这一座也是大庇各路神仙、老爷娘娘，数十尊泥塑木雕，济济一堂，甚至有孙悟空在场。乡民们无论有什么困苦，什么请求，什么愿望，都可以来叩头烧香。说是"有祷必应"，不知谁来验证。溪边一棵巨大的老樟树，千枝万叶，像云盖一样遮蔽住庙前的广场，广场上逢年过节演戏、舞龙，是全年仅有的娱乐，点缀日出而作、日入而息的宁静单调的生活。

绕过霞港头，山坡几座小祠堂，都已残破。一座亭子，玲珑轻俏，位于高台上，这是康乐亭。康乐公的肖像已经现代化了，他昂首向天，神情孤傲，或许正是这种性格，使他在广州被杀。康乐亭是蓬溪年轻人的聚会之地，从朝到暮，甩纸牌的劈啪声不断，他们大概已经不知道祖先曾是一位伟大的诗人，更不知道他在流连山水的时候，也写过"未厌青春好，已睹朱明移。戚戚感物叹，星星白发垂"这样的诗句。

康乐亭前一条主街，从北向南，笔直。街西建筑区，街东便是广阔的潏湖，山水所汇。这是"水聚天心"。湖中央螺髻青碧，小岛一座，美丽的名字叫凤凰屿。岛外东南方层叠的群山上有圆锥形高峰，那便是文笔峰，正在巽位。街西的谢家祠堂，存著堂，正对着它。文笔峰倒映

---

① 1985年修公路时开山炸石，栈道全毁。但据温州市人民政府主办的《今日温州》月刊1998年11月号载："永嘉县渠口乡霞川村至九丈村交界的山麓石壁上，日前发现一处古栈道遗址，……全长约200米。"

在潴湖中，形成"笔入砚池"的风水，大有利于发荣科甲。虽有好风水，蓬溪谢氏文运并不发达。谢家子弟，空负了桃源仙境。近几十年里，山林伐尽，泥沙俱下，潴湖已经淤成了稻田。

早在谢氏未来之前，蓬溪已有李姓人居住。南宋时候，出了一位李时靖，咸淳元年进士，传说还是状元，故宅北侧辟了一条不到百米的又平又直又宽的街，铺砌得很精致，便叫状元街。《永嘉县志》里记载，朱熹在浙江东路常平盐茶公事任上，曾经到楠溪江访问几位大学者，其中就有李时靖。所以蓬溪村有几处传说是朱熹的遗迹，一处是村口船崖上摩崖石刻"钓台"两个字和一首诗："观鱼胜濠上，把钓超渭阳。严子如来此，定忘富春江。"1985年炸开悬崖筑公路的时候全毁掉了。一处是凤凰屿南麓的两块大石壁上的刻字，"把钓"和"索箛"，字迹拙劣，是年久蚀损后重新剔过的。最后一处是一座住宅砖门头上的"近云山舍"四个字。山舍是清代晚期造的，据说这家人把手迹代代流传了下来，不过，刻上门头之后却把原件丢失了。江南各地，口传为朱熹的题字很多，大都是伪托，蓬溪村的也不大可能是真迹。不过，乡民们谨谨慎慎地珍视它们，以它们为荣，心中对文化的尊崇之情却是非常认真的。

蓬溪村的住宅多内向，院落谨严，三合或者四合，两层，有腰檐。相传为李时靖故居的，非常简朴，单层，四面板壁，檐口低矮，用方形木墩为柱础，看来久经风霜。村里有几幢大型住宅，其中一幢造于明代，传说当年它主人的表弟在这宅里住过，后来任南国子监祭酒，写文章提到过它。这幢大宅，屡经修缮，布局已乱，大致是主体七开间，三进两院，左右各自有跨院。整个大约有七十多间房间。重要的特点是，两进院落都是水池，前院中央有甬路，水池一分为二，后院则是整个一方大池。内向的住宅多，村景不免沉闷一些。

鹤阳和东皋，还有蓬溪，都有许多住宅，木石天然本色，加工无非用双手，它们带着生命原有的气质，与天地间一切生命相亲和。它们布局外向，就像乡民一样坦诚，使陌生人走进村子，便感到亲切，自信能够受到主人欢迎。这便是楠溪江的性格。

安居乐业

清代初年，浙江永嘉县人陈遇春写了一首诗："澄碧浓蓝夹路回，崎岖迢递入岩隈；人家隔树参差见，野径当山次第开。乱鸟林间饶舌过，好峰天外掉头来；莫嫌此地成萧瑟，一纳茅鞭云复回。"诗题叫《楠溪道中》。这条景色异常秀丽的楠溪，在浙江省东南部，由北而南注入瓯江，全长145公里。瓯江刚刚接纳了它便一头扑进东海去了。

楠溪江是个树枝形水系，干流叫大楠溪，居中，西侧的小楠溪、东侧的珍溪是两条大支流，小支流则有鹤盛溪等。它的流域就是现今的永嘉县境，面积大约2472平方公里，东侧以北雁荡山脉为界，西侧是括苍山脉，三面环山，南缘有瓯江流过。它位于北纬28度至28.5度之间，七月份平均气温29.1摄氏度，年平均降水量1698毫米，气候温湿，适于生长亚热带阔叶常绿林。除了松杉之类，浅山和丘陵上长满了油桐、油茶、板栗、柑橘和柿子，当然还有杨梅，杨梅当地就叫"楠"，楠溪江因此得名，谷地和盆地里无霜期长达283天，江流两岸水田平阔，土壤肥沃，灌溉便利，稻麦一年可以三熟。甘蔗、薏米、玉米也生长得很好。江里盛产鱼虾，每年春夏之交，可以捕捉到从海洋洄游来的香鱼，肉质细嫩而有异香，是上好的贡品。

大自然对楠溪江流域并不十分苛刻吝啬，所以很早就有人居住。

苍坡村水月堂（李玉祥 摄）

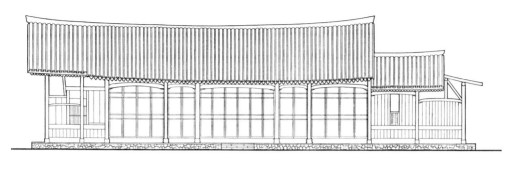

花坦村"宋代住宅"立面

起初在下游，那里有几处新石器文化遗址。春秋战国时代，则居住着"瓯越之民"，《史记·赵世家》说他们"剪发文身，错臂左衽"。西汉初年，他们曾建立东瓯国（前192—前138），但朝廷不久在东瓯王领地设回浦县，属会稽郡，三国时属临海郡。晋室南渡之后，江东人口大增，楠溪江中上游逐渐开发，在江两侧的谷地里和大大小小的盆地里，陆陆续续建立起来一个又一个村落。东晋明帝太宁元年设永嘉郡。唐高宗上元元年（674）设温州，治永嘉，此后一千多年没有大变化，直到如今。五代时候，南去不远的闽国动乱不靖，有大批闽人（主要为福宁州）合族迁来楠溪江流域避难。再往后，又有宋室南渡，一些中原衣冠士族再次来到楠溪江定居。

在楠溪江中游现有村落中，确凿可证的，有茗岙和下园建于晚唐，枫林、花坦、苍坡、西巷、周宅建于五代，芙蓉、廊下、鹤阳、渠口建于北宋，建于南宋的有豫章、溪口、岩头、东皋、蓬溪、塘湾，[①]建于元代的有坦下。这些村落都由外来移民建立，迁来之前，他们大多是仕宦人家，凭借文化优势和经营能力，他们很快成了当地的望族，占有最利于生存和发展的地段。这些村落千余年来是楠溪江中游最兴旺、最有文化成就的，一直到现在，还是楠溪江两百多座村落的代表。也是当地乡土建筑的代表。

---

① 一说岩头建于元代。

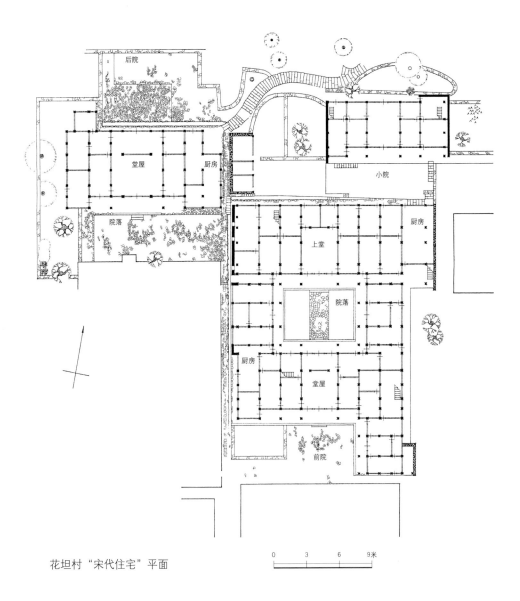

后院

堂屋　厨房

院落

小院

上堂　厨房

院落

厨房

堂屋

前院

花坦村"宋代住宅"平面

0　3　6　9米

　　北宋时期，温州经济已经很发达，乾隆《永嘉县志·风俗》里记载一首当时太守杨蟠咏温州的诗，其中有句："一片繁华海上头，从来唤作小杭州。"到了南宋，温州的农业、手工业和商业飞快发展，一度成为海上商港。作为温州腹地的楠溪江流域，也在两宋时期达到了辉煌的高峰。

至迟在明代晚期，楠溪江已经有了商品经济。《棠川郑氏宗谱》载：塘湾村郑世益"精于理财，祖、父无多遗业，翁乃勤俭自持，权其子母，量出入，铢积寸累，握算持筹，不数年而粟陈贯朽，富甲一邑"。这个人大约是放高利贷的。到了清代中叶，楠溪江的商品经济有了进步。输出以山货为大宗，如木、竹、桐油、木炭，还有蚕丝、茶叶和柑橘等。楠溪江上，以梭船取代了竹筏，《楠溪船歌》里唱道："船过瓯江楠溪开，江上千帆相牵连"，"一篙一桨拼老命，一年到头不休停。"梭船，当地人叫舴艋舟，在括苍一山之隔的双溪，它载不动李清照无穷的愁绪，这时在楠溪江上满载货殖，往来飞驶。随着商品经济的发展，楠溪江两岸出现了一些手工业专业村，如渔口村造船，西岸村制粉干，黄岗村烧缸钵等。楠溪江人的生活和风尚从此有了明显的转变。

楠溪江流域的自然环境封闭，四周以分水岭和瓯江为边界，明确肯定。流域内部则千支百派，总归一江，向心性很强。加以从唐高宗上元元年以后，一直是温州永嘉县的辖地，十分稳定。因此在它的自然环境中形成一个独立的经济区、文化圈、生活圈和方言圈。它的村落和建筑，也因此有鲜明的个性特色。

化民成俗

    楠溪江流域的文化发达得比较早。西汉就有傅隐遥来幽居，东汉末年的梅福和三国时期的王玄贞则在小楠溪上游的大若岩修炼，传播道教。

    晋室渡江偏安，人才荟萃江东，给楠溪江文化的发展带来了机遇。初建不久的永嘉郡，在六朝时竟得了中国文化史上几颗灿烂夺目的星辰来任郡守，先后有东晋大文学家、大书法家王羲之[①]，注《三国志》的刘宋史学家裴松之，刘宋玄言诗人、赋家孙绰，诗人、骈文家、文论家颜延之，中国第一位山水诗人谢灵运和萧梁文学家、骈文高手丘迟。按照儒家理想，如《孟子·尽心上》所说："善政不如善教之得民也。善政，民畏之；善教，民爱之。善政，得民财；善教，得民心。"自从东汉以来，地方长官为师重于为吏，已经成为一个传统，这些郡守都以"助人伦，成教化"作为施政的最高追求。乾隆《永嘉县志》转引《旧志》说："晋立郡城，生齿日繁，王右军导之以文教，谢康乐继之，乃知向方，自是家务为学，至宋遂称小邹鲁。"楠溪江人至今使用一种仿鹅形的木桶，叫鹅兜，便是纪念爱鹅的王羲之。谢灵运在广州被杀后，次子奉柩回永嘉（即今温州城内）定居，后裔于北宋在楠溪江建鹤阳村，又分出鹤盛、蓬溪、东皋等二十来个村子。到

[①] 王羲之任永嘉太守，正史不载。但乾隆《永嘉县志》有多处提及。

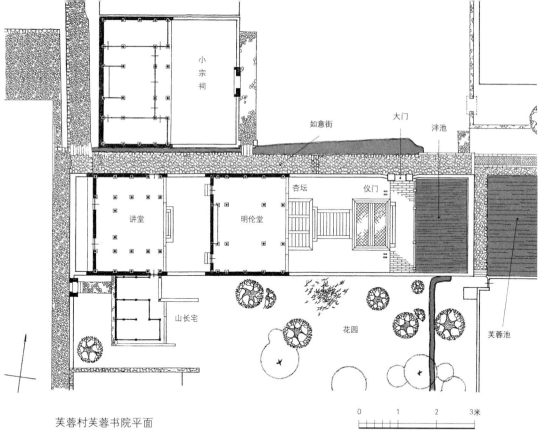

芙蓉村芙蓉书院平面

北宋，则有诗人杨蟠和以刚正著名的胡则来任太守。南宋是楠溪江文化最灿烂的时期，宋室偏安南渡，又一次造成江东人文荟萃的局面，先后来任永嘉郡守的有张九成、王十朋、楼钥、杨简等人，都是一时著名的诗人、学者、贤宦。他们尊重东晋以来永嘉的人文传统。张九成在《咨目》里说："永嘉道德之乡，贤哲相踵，前辈虽往，风俗犹存。"化民成俗的主要手段是兴办教育。《鹤阳谢氏宗谱·义学条规》规定："义学之设，原为国家树人之计，非以为后生习浮艳、取青紫已也。……凡肄业弟子，必须一举足疾除，一语言进止，事事雍容审详、安雅冲和。"教育的目的，首先在全面培养年轻人的素质。通过读书人，再影响到整个民风乡俗。清代咸丰年间县令汤成烈编纂的县志稿里，生动地描述了这些人的治绩："永嘉在宋有邹鲁之风，维时士大夫先达者多从二程、朱子游，居乡恒以讲学为业，故能诱掖后进，式化乡间，薰为善良，浸成风俗。户有弦诵，邑无巫觋，人怀忠信，女行贞洁。冠昏丧祭，厚薄适中，奢俭当礼。疾病不祈祷，婚配不听星命。岁时娱乐，弛张合宜。其于养生送死之制，盖秩如也。"（见光绪

《永嘉县志》)

宋末元兵的大烧掠和清初官兵的剿杀，两次严重破坏了楠溪江流域的经济和文化。康熙二年编写的《茗川胡氏大宗谱》中"重建致爱堂记"里写道，清兵平定耿精忠的战争，使得楠溪江"室庐资产，烧荡一空，而祠宇株连，闾闬萧条……垂二十年，鸿雁犹悲鸣于旷野"。六朝、两宋的盛况从此不能再现，但是数百年的人伦教化，毕竟还不致毁于一旦，如乾隆《永嘉县志》所说："遗风余韵，元明间犹时有闻。"时代有影响的郡守，先有何文渊，后有文林（文徵明的父亲），他们力图再次振兴。《永嘉县志》说何文渊出守温州时，"政化大洽"。文林则制定了《族范》，在温属各县推广，各宗族的族规都以《族范》为蓝本，大大强化了宗族制度。到了清代，劫余复苏，在宗族制度下，尚能有耕有读，但南宋的盛况已不再。康熙年间编写的《岩头金氏宗谱·谱叙》里，先描述了宋代的金氏家族，"贤哲代生，规模宏远，……开渠筑堤，以备旱潦。创谱牒，建宗祠；置祀田以资盥荐，置义田以裕读书，嗣是人文丕振，簪缨继起"。然后以无可奈何的心情对当时科名不绝的情境自我安慰道："彼汉武玉堂非不贵也，石崇金谷非不富也，吴宫花草、晋代衣冠，非不芬芳而赫奕也，然人往风微，徒深感悼，孰若兹之聚族而居，宅尔宅、田尔田，涧溪如故，塘堑依然，庙社常新，松楸无恙，士习民风，数百载如一日也乎。"

但"士习民风"，从商品经济萌动以后，已经发生了不小的变化。前引汤成烈县志稿接着说："自元而明，去古渐远，风尚亦漓。轨物废而邪说行，儒术衰而异端起。食资盛而女溺，宴食腆而讼繁。疾疢薄骨肉之亲，报赛侈鬼神之会。昏丧之仪，非复曩制。至于上元灯火，端午竞渡，争奇炫新，糜财奢费，略不顾惜。士女游观，靓妆华服，阗城溢郭，有司莫之能禁。"

有司所要提倡的"士习民风"，固然主要是封建主义的政治规范和伦理规范，但无疑也包含着健康的社会规范和个人行为规范。

科名学术

永嘉历代杰出的郡守，为化民成俗，努力普及教育，促成文风高涨。乾隆《永嘉县志》转引《旧志》说："王羲之治尚慈惠，谢灵运招士讲学，由是人知向学，民风一变。"明代温州知府文林颁布推广的《族范》里劝导说："不学则夷乎物，学则可以立，故学不亦大乎。学者尽人事所以助乎天也。天设其伦，非学莫能敦；人有恒纪，非学莫能叙。贤者由学以明，不学者废学以昏。大匠成室，材木盈前，程度去取而不乱者，由绳墨之素定。君子临事而不骇，制度而不扰者，非学安能定其心战。是故学者君子之绳墨也。"

在当政者的倡导下，楠溪江各村落文风大盛。几乎村村的宗谱里，都记载了一些乡绅知识分子的事迹。如宋末元初鹤阳村的谢梦符，"博学经史，推重当时，……丰仪整肃，衣冠严雅，为缙绅表率，时称为宿儒长者"（《鹤阳谢氏宗谱》）。他们不但以博学推重乡里，而且"淳朴自持，利欲不能移其心，荣禄不足夺其志，孝以事亲，友以处弟"（见《岩头金氏宗谱·明义堂处士墓志铭》），成了农村敦品励行的榜样。所以《珍川朱氏宗谱·廊下即景诗序》里说：乡里"秀士成群，多含英咀华之彦；古怀如晤，有庄襟老带之风，可谓文质彬彬，野处多秀者已"。这些乡土知识分子操持宗族事务和乡政，有些亲自设帐课徒，教授族中子弟读书修身，对楠溪江文化起了很大的推动作用。

楠溪江村落中各姓的宗谱里，毫无例外地都把亦耕亦读的生活理想写进了家训或族规。

　　这种耕读生活理想的更有力的推动来自科举制度。自从门阀制度消退之后，隋唐开科取士。到了宋代，"偃武修文"，科考名额大大增加，并且为了崇本抑末，给士、农以优惠的机会，于是，"朝为田舍郎，暮登天子堂"，由春梦变成了希望，牛角挂书，山野里也响起了琅琅的读书声。各个宗族，都规定了延师办学、鼓励并资助子弟读书、贴补考试费用等详细的办法，为这些开销专门设了公有的学田，永世不得变卖。

　　楠溪江人在科举上成绩辉煌。从唐至清，永嘉一共有过604位进士，宋代占513位，南宋一朝就出了464位，其中确实可考订为楠溪江人的至少有50多位。南宋咸淳元年乙丑榜进士中，永嘉籍的有36位之多，其中至少有芙蓉村的陈虞之和蓬溪村的李时靖是楠溪江人。在宋代，豫章村胡氏有一门三代五进士，溪口村戴氏有一门四代六进士，花坦村朱氏和塘湾村郑氏都有兄弟进士。到了明代，科名就衰落了，只有花坦村还出了几位进士。清代三百年间，整个永嘉只有11位进士，但鹤阳村谢氏，康乐公的后裔，在其中竟有两位。所以道光《重修鹤阳谢氏宗谱·序》里夸耀道："至今犹想见谢家之门第，即为溪山之生色者，历久弗衰矣！"

　　进士以下的科甲成就，各村就更多。谢氏宗谱序里说："诗书继美，比户可封；游庠之士，指不胜屈。"豫章胡氏大宗祠的楹联写的是："翰墨流芳百世衣冠开砚沼；诗书继美千秋，襟襫焕文章。"豫章村胡氏、岩头村金氏、溪口村戴氏等在明代还有一些科举成就。

　　楠溪江文风之盛，不但在科名"鹊起蝉联"，更在学术。王十朋《送叶秀才序》里说永嘉"谊礼之学甲于东南，笔横渠、口伊洛者纷如也。取科第，登仕籍，多自此途出"。永嘉在北宋有程门弟子13人，南宋有朱门弟子16人。楠溪江人引以为荣的，是溪口村的戴述、戴迅、戴栩、戴蒙、戴溪、戴侗和塘湾村的郑伯熊、郑伯英、郑伯海，都是重要的理学名家，著作传世，正史有他们的传记。伯熊是永嘉学派的代表人物之一。嘉靖《温州府志·人物》说"绍兴末，伊洛之学稍息，复于伯熊得之。……由是永嘉之学宗郑氏"。溪口戴氏大宗祠里有一副楹联写道："入程朱门迭奏埙篪理学渊源双接绪；历南北宋并称邹鲁春宫甲第六登墀。"对戴氏的学术很自豪。此外，上湾村陈揆，与陈亮同榜登进士第，与叶适相善。芙蓉村陈宝之，绍兴进士，从吕祖谦学，是陈亮的诗友。南宋亡后，文运大衰，但在元明之间，鹤阳村出了个谢德瑀，"博通经史，为时名儒"。有著作传世，从祀郡庠。

乾隆《永嘉县志》记载，朱熹在任两浙东路常平盐茶公事的时候，曾经到楠溪江访问当地的理学家。他先到岩头村访门人"以理学鸣于世"的刘愈，说："过楠溪不识刘进之，如过洞庭不识橘。"不巧没有见到。再到谢岙访谢复经，又访溪口戴蒙、戴侗和蓬溪的李时靖。至今乡民传说蓬溪的"近云山舍"门额，村口摩崖石刻"钓台"两字和诗"观鱼胜濠上，把钓超渭阳。严子如来此，定忘富春江"，以及村东凤凰屿上石刻"把钓"和"索舫"，都是朱熹手笔。即使传说并不可靠，荒僻的楠溪江流域里小小的山村，与当时的主流文化保持着这样真真假假的关系，在全国大约也极为少见。

文风盛，科甲成就高，当官的就多。据光绪《永嘉县志·人物》统计，"自宋以来，位宰执者六人，侍从台谏五十余人，监司郡守百十余人，可谓盛矣！"相传芙蓉村在南宋有过"十八金带"，便是有十八位高级京官。明代还有豫章村的中书舍人胡宗韫，鹤阳村的锦衣卫指挥佥事谢廷循。溪口村戴氏大宗祠有一副楹联："宋室尚书第；明廷御史家。"花坦村朱氏大宗祠则有一副楹联为："宋室衣冠皂盖朱幡擢秀；明廷阀阅黄门乌府联芳。"写出了仕宦的发荣。

山水情怀

　　楠溪江流域青山层叠，竹树茂密，碧水萦绕，鸥鸟出没，四时风景如画，古往今来，引得多少文人流连忘返。这里是中国早期山水文学摇篮之一。它也培育了乡邻乡亲们的山水情怀，千余年来涵养着楠溪江天然清新的乡土文化。

　　刘宋永初三年，谢灵运来任永嘉太守，他"肆意游遨"，不到一年，在楠溪江留下了许多足迹。他写下的中国第一批山水诗里，有好几首咏楠溪江景色，如"登永嘉绿嶂山""登石门最高顶""石门新营所住四面高山回溪石濑茂林修竹"，"从斤竹涧越岭溪行""过白岸亭""夜宿石门"等。（见光绪《永嘉县志》及雍正《浙江通志》）斤竹涧在楠溪上游，山深流急，谢康乐在诗里说："逶迤傍隈隩，迢递步崿岨。过涧既厉急，登栈亦陵缅。"横溪而过的矴步和盘山而上的石径，现在应该还留着诗人的屐痕。

　　乾隆《永嘉县志·舆地》说："往者谢康乐为郡，好游名山，由是此郡山水闻于天下，天下之士行过是邦者莫不俯仰流连，吟咏不辍，以诧其胜。"在这些吟咏永嘉山水的人里，有萧梁时继谢灵运来任太守的丘迟，他写过"暮春三月，江南草长，杂花生树，群莺乱飞"的千古丽句。乾隆《永嘉县志·名胜志》认为，萧梁时陶弘景的《答齐高帝诏》就写于楠溪江的青嶂山，诗说："山中何所有？岭上多白云。只可自怡悦，不堪持寄君。"所以青嶂山有白云岭。同时的《大箬岩记》，则说陶弘景在小楠溪上游的大箬岩隐居，所以大箬岩有陶公洞，附近也有白云岭，不远的水云村还造了一座白云亭。而且说他的《答谢中书书》里描写的就是楠溪江风光，书里写道："山川之美，古来共谈。高峰入云，清流见底。两岸石壁，五色交辉。青林翠竹，四时俱备。晓雾将歇，猿鸟乱鸣，夕日欲颓，沉鳞竞跃，实是欲界之仙都，自康乐以来未复有能与其奇者。"[①]

唐代诗人孟浩然到过楠溪江，在大箬岩捐财凿渠，筑了两处堤防（《大箬岩记》）。清初学者朱彝尊抗清失败后避难到楠溪江支流珍溪上游的廊下村，他的《永嘉杂咏》诗里有几首写在廊下，如《华坛望雁荡山歌》："登华坛之绝顶，眺雁岩之回峦，云容容兮欲雨，水嘈嘈兮下山。遥岭出没不可胜数，但见哀禽离兽日暝而俱还。"

楠溪江的乡民们，生活在如诗如画的山河之中，受着热爱自然的民族文化的陶冶，他们对山川草木有很精敏的审美意识，很亲切的感情。这种意识和感情，一直渗透进他们的生活方式中去。例如塘湾乡绅郑公谔，"读诵之暇，惟以弹琴栽花为乐，遇风日晴和则汲泉煮茗，拂席开樽，与二三知己，啸傲于烟霞泉石间，不复知有人世荣辱事"（见《棠川郑氏宗谱》）。又如花坦朱伯清，"不乐仕进，志存林壑……凡石、树、虫、鱼、水泉、花药之会心寓目者，咸属吟咏其间。遇风和日暖，角巾鹿裘，从以弟子，徘徊乎山光水色。拂云坐石，手挥丝桐，目送飞鸿，逍遥自乐"（见《珍川朱氏宗谱·珍川十咏序》）。

这样的生活态度和人文气质影响到楠溪江人对生活环境的追求。他们为村落和重要的公共建筑物选择风景最美的地段，他们保护地段上风景的美，并且品味、点染和增益，从青山澄江到老树古木直到一草一花。

点染、增益、亲近，仍然不能满足文士们对山水的一往情深，

---

① 地方志的记载未必都正确，但可以从传说中体味当地人士对楠溪江山水风景的审美意识。

于是他们着手创建山水的美。楠溪江的"隐士"们大多喜欢"锄园种花，凿池开圃"，布置私家的小园林。《乐安珍水朱氏宗谱》载廊下村朱映峰"隐居歌"道："非士亦非农，半耕还半读。傍山数顷田，临水几间屋。筑园又凿池，栽花还种竹……花自吐清香，竹亦言芳郁。池水漾芰荷，园蔬借蓿苣。"明代中叶，花坦村的朱逊，"家颇饶，经营堂构，余址凿池开圃，种花养鱼，以为宗戚朋旧壶觞吟咏笑傲处"。造园艺术已经很普及，并且达到相当高的水平。这时已经有了叠石假山技艺，明中叶花坦朱阆轩有"石假山"诗。（均见《珍川朱氏宗谱》）楠溪江小小的村落里，有别处很少见的大型公共园林，池沼开阔、花木扶疏、亭台玲珑，如岩头、苍坡、鹤盛、溪口等村。这些园林和大自然相辉映，把自然的美引进到家家户户的门前。

对美的极其敏锐的鉴赏力，对自然的亲和感，以及最平实的人际关系，也显现在楠溪江建筑的形式和风格上。那里的房屋和村落非常朴素，所用的是未经斧凿的原木和蛮石，随弯就曲，仿佛信手搭接砌筑而绝少雕琢，以至房屋看上去生自天然，与山川草木一切生命相和谐。但它们事实上经过精心的推敲，原木、蛮石的本性、本色、本形的美被一一发现并且利用，巧妙地配合起来，互相映衬，才达到"清水出芙蓉"的境界。这些房屋，体形很自由，不受成式的束缚，但高低错落，虚实相映，正侧变化，光影对照，非常活泼而又统一。粗犷的材料构成秀逸的房子，或许正是农人们胼手胝足却心灵手巧的写照。

宗族管理

楠溪江流域的村落，和江南大多数汉族居民的村落一样，几乎都是血缘村落，一村一个姓氏，一个宗族。这些村落里，宗族组织实际上是一种基层政权机构。

从汉代起沿袭了将近一千年的门阀制度到宋代彻底消失，宗族组织代之而起，成为社会的组织力量。范仲淹、欧阳询和苏轼，都曾经努力加强宗族的地位和作用。北宋理学家吕大钧在陕西蓝田推行宗族制的《乡约》，"关中风俗为之一变"。

南渡之后，朱熹在南方倡导吕氏乡约。明代弘治年间温州知府文林制定并颁行的《族范》，与吕氏乡约一脉相承，完备地确定了家族的组织机构和各种职能。到清代，雍正皇帝在《圣谕广训》里说明宗族的任务限于"立家庙以荐蒸尝，设家熟以课子弟，置义田以赡贫乏，修族谱以联疏远"。实际上宗族组织管理着农村的一切社会事务，触及乡民生活的各个方面。从敬宗睦族、伦理教化、社会治安、农田水利、抚老恤幼、赈灾济贫、审理争端，直到干涉寡妇再醮、兄弟析产、组织打扫卫生。宗族拥有公田、义田、祭田、学田等大量公产，用作祭祀和公益事业。

文林《族范》里规定，"凡遇春秋祭祀之时，朔望参谒之日"，合族都要在宗祠里听朗读明太祖朱元璋的《圣训》："孝顺父母，尊敬长上，和睦乡里，教训子孙，各安生理，毋作非为。"接着听朗读陈古灵的《劝谕文》："为吾民者，父义，母慈，兄友，弟恭，子孝；夫妇有恩，男女有别，子弟有学，乡闾有礼；贫穷患难、亲戚相救，婚姻死丧、邻保相助；毋惰农业，毋作盗贼，毋学赌博，毋好争讼；毋以恶凌善，毋以富骄贫；行者逊路；耕者让畔，斑白者不负载于道路，则为礼义之俗矣！"而且要"悚然而听，如有在班诒笑闲谈者，族正举于族前，量行责罚"。宗族又扮演着维护封建道统的角色，规范着人们的思想和行为。

《枫林徐氏宗谱·族范八条》里甚至规定对"孽深害大，素性又终不肯改移"的盗窃犯"令其全身自毙"。宗族也可以组织自己的武装。宋末抗元，元末抗方国珍，嘉靖时御倭寇，清初防耿精忠，后来又为阻挡太平军，楠溪江各村都组织过"乡勇"和"义兵"。芙蓉村进士陈虞之，率族人抗元，固守芙蓉峰上三年，全体殉难，村子也被夷为平地。芙蓉峰下的乱草窝里，陈虞之墓的残迹现在还依稀可辨。

血缘村落的选址、规划、建设、管理以及环境保护也大都是在宗族组织的主持或关注下进行的。在这些事务中，受教育程度比较高的士绅起着重要的作用。村落选址的优越是增强宗族凝聚力的重要因素，绝大多数的宗谱，都要在卷首的"叙"里或者撰专文赞美本村地形环境，《珍川朱氏合族副谱·珍川十咏序》说花坦村的选址："陵阜夹川，陂陀下弛，衍为原隰。林麓藏荫，水田环绕，居民耕植其中，熙熙如也……是盖乾坤清淑之气所钟聚融结，必有玮瑰俊秀杰出乎其间。"又如《棠川郑氏宗谱·长堤记》中说塘湾村址："双溪会所，衔远山、吞长流，前有雷峰九嶂之异，后有马石天岩之险，至若屏风纳日，和合留云，在在称奇。"把村落自然环境的美好写进宗谱，就是为了增强村民对乡土的眷恋，对生活前途的信心。

楠溪江的主要村落，尤其如芙蓉村、岩头村、苍坡村、塘湾村、坦下村、花坦村等等，显然经过严谨的规划。它们有严整的寨墙，有良好的水系，有规整的街巷网，有适于各种活动的不同的公共中心；总体布局井然有序，并且合于堪舆风水的说法。像这样完整的规划，只有宗族组织才会去做，才能做到，这是毫无疑问的。岩头村的金氏桂林公，嘉靖时人，便对引水、街道、住宅、公共园林，做了大量有计划的工作。

宗族鼓励族人有钱出钱、有力出力，修祠堂、建桥铺路、保护环境、兴造学堂等等，共同建设乡里。《岩头金氏宗谱·家规》里有两条，一是"祠堂、坟屋稍遇倾圮，亟当议修，量以坟租、祠租内暂行抽贮，以给支费。如有贤孝子孙捐资乐助者，当登记于谱"；另一是"桥、路、渡舟倾坏，子孙倘有余资，当助修治"。《棠川郑氏宗谱》有三篇文章，《长堤记》《新城记》和《池塘记》，记载着宗族关注下村子的重大建设。《渠川叶氏宗谱》记载了宗族主持修大宗祠并倡议兴建石马岩石栏杆和前山楼梯岩山路等二十几项工程。

凡私人捐资修造公共工程，都要一一登录在宗谱上，这是很崇高的荣誉，激励着有余财的人从事乡里建设。几乎所有各姓宗谱都记着大量这样的义举，有的宗谱甚至辟了专章。

宗族组织对保护林木、涵养水源也十分重视。花坦村明代人朱复翁，"建宗祠、置祭田，……植松树数万株以自蔽"（《珍川朱氏宗谱·明征授朝列大夫云松公墓志铭》）。塘湾村《棠川郑氏宗谱》有一篇《新宫坳樟树记》，记载新宫坳里的太阴宫右侧有一棵"大可丈围、高难尺计"的大樟树，竟有见利忘义之徒企图砍伐，"于是村中知事者不敢袖手以旁观，斟酌再三，集款买归老宗祠之业，立有字据，永后并不许砍断"。以后树长得很茂盛，"绿阴匝地，翠盖遮天"，以至于作者兴奋起来，说："异日精华流布，科甲蝉联，旺气发扬，财丁蜂聚。"村落卫生也常常有很详细的规定。例如猪圈、牛棚一律都要造在村外溪流沟渠的下游，不得放禽畜走近溪流沟渠，等等。

村落选址

　　楠溪江流域两百多个村落的乡民，都是从外地迁移来的。迁来的原因大多是几次世乱，原住地遭难。乾隆《永嘉县志·疆域》引旧《浙江通志》说："楠溪太平险要，扼绝江，绕郡城，东与海会，斗山错立，寇不能入。"这样一个封闭的环境，对于为避难而迁徙的人们来说无异于桃花源，很有吸引力。据《下园瞿氏宗谱》记载："晚唐时，黄巢乱，宁波刺史瞿时媚避乱来此，鉴于天险奇峰，旷洞清幽，乃定居。"五代末季，天下扰攘，独有钱氏治理下的吴越比较安靖，于是混乱的闽国有大批居民北迁永嘉，有许多来到楠溪江中游盆地，逐步建立了一批经济文化都很发达的村落，如苍坡、芙蓉、岩头、枫林、溪口等。渠口村的始迁祖于北宋末年为避方腊之乱而来，豫章村的始迁祖是随宋室南渡辗转经江西而来的。这些人饱经离乱之苦，千里颠簸来到楠溪江，为的是休养生息，所以对村落的选址，村子的建设，都很谨慎。

　　选址的基本原则，首先是满足自给自足的自然经济之下的农业生产和生活。影响生产和生活的主要元素是土地、水源和山林。楠溪江人对生存环境的认识是全面而综合性的。渠口村《渠川叶氏宗谱》里说："渠口，吾祖光宗公发祥之所也。阅世三十有三，历年千百有余。围绕者数百家，沿缘者七八里，凤山翥其西，雷峰崎其东。南有屿山，而其外有大溪环之。中穿一渠，可以灌田。而其北则层峦叠翠，不一其状。有径可通四处。田高下横遂，布列如画挂然。泉流涓涓，声与耳谋。地僻非僻，山贫不贫，有樵可采，有秾可种，有美可茹，有鲜可食。桑麻蔽野，禾稼连畦。"这里说到了种粮、采薪、牧羊、养鱼和桑麻。渠口村土地平旷而广袤，水源充足，交通便利。背靠山岭可以挡住冬季凛冽的北风，前面的大溪就是小楠溪，夏季的东南风可以逆溪而上，带来充足的雨量，渠口村的小气候因此四季宜人。现在的渠口村，是楠溪江中游最富庶的村落之一。

楠溪江中游村落的选址大致都是这样，所以，中游最大、最肥沃的盆地里村落最密集。岩头、芙蓉、张大屋、溪南四村，相距不过一里左右。方巷、港头、周宅、渡头，已经连接成带状，而苍坡、霞美两村距方巷大约也只一里有余。坦下和塘湾，豫章和珠岸，虽然不在中心盆地，却也是隔小楠溪相望。

楠溪江到雨季常常暴发山洪，江水骤涨数米，摧毁力很强。康熙年间的一次大水，就把豫章村临江的"外宅"部分全都冲光，片瓦不留。西岙村也遭到同样的命运。因此，村落选址，很注意防洪。除了村址要有相当的高程之外，还应该位于弯弯曲曲的河流的沉积岸一侧而避开冲刷岸，也就是，按堪舆风水的说法，村落应在"腰带水"一侧而不能对"反弓水"。楠溪江中游的村落，凡沿江的，大多在"腰带水"的环绕中，如东皋、鹤阳、塘湾、枫林、花坦、廊下、西岸等村。少数的村落位于"弓背"，如蓬溪和珠岸。但蓬溪东侧有一条小溪，对村子呈"腰带"形，而且正对大溪弓背冲刷的是坚硬的岩石。不过，为了更加"可靠"，在岩石岸上还造了一座关帝庙镇水保民。

健康的生活需要有比较好的小气候。楠溪江中游地形变化很大，小气候的差别因此也很大，村落选址就要注意小气候。谢灵运的后裔，谢氏选五五公，北宋时从郡城迁来楠溪江的塘下村，有一天"雪后登山，望见兰台山前积雪先融，遂定居焉，后果繁昌"。这就是鹤阳村。（见《鹤阳谢氏宗谱》）它位于一个三面被溪水环绕的高地上，兰台山在它的东北，冬季从晨到暮都可照到阳光，正是"三阳高照"，所以"积雪先融"。宋代王洙所著堪舆书《地理新书》里说："三阳照处吉。且为朝阳，午为正阳，西为夕阳，故曰三阳。"

渠口村的东、西、北三面都有山环抱，冬季不受寒风侵袭，南面有不高的作为案山的屿山，孑然独立，于是在盆地的东南角和西南角形成两个豁口。一到夏季，季候风循河谷北上，在坦下村折向西北，正好吹进东南豁口。所以渠口村向西发展，迎着来风。而村东侧则多植树木，因为东面的雷峰挡住了季候风，而且它西坡大片裸露的岩石强烈反射太阳的辐射热。

浓郁的山水情怀和人文气质，使楠溪江人在为村落选址的时候很重视周围自然风光的优美。有些村落的始迁祖，就是因为爱楠溪江风景而来定居的。如《塘湾郑氏宗谱》说始迁祖"爱楠溪山水之胜"而来落户。岩头金氏始迁祖"始居楝溪西巷……延祐间来相芙蓉三岩之胜，遂居焉"。①因芙蓉峰而定居的，至少还有芙蓉、溪南、下园、屿根几个村子。许多村落的宗谱用很夸饰的文字描摹本村风景的秀丽和奇特。例如《蓬溪谢氏宗谱·同治甲子重修族谱序》描绘山川形胜道："楠溪形局，惟蓬川最奇。迎逆流四十余里，过堂萦回荡漾，潴而后泄。守水口者，则有若狮、象、龟、鱼，突怒峭竖，险恶畏人。又有文笔峰撑寿星岩，镇屏山对列赢屿。横临诸如观音坐莲、美女梳妆、鹰捕蛇、狮捉象、仰天湖、瀑布泉、将军、仙人、牛鼻、虎头、燕巢、鸡冠等胜，亦皆秀异可观。"蓬溪村在一个袋形的盆地里，北面的袋口正好被鹤盛溪的一个反弯封住，悬崖上的栈道是进村唯一的咽喉。村偏在盆地西侧，东侧是一个山水汇注的大湖，湖中央有凤凰屿，树木茂盛。盆地四周层层叠叠的山峰，千姿百态，人、兽、鹰、燕，可以任意想象。村口镇襄反弓水的关帝庙前一棵几百年的大樟

---

① 另一说岩头村初建于南宋，有名儒刘进之，是朱熹门人。传陈亮幼年曾在岩头读书。村人传说，今之村中主姓金姓，系刘姓为避南越王钱镠讳而改的，因"刘"与"镠"在方言中同音。

树，枝叶蔽天。蓬溪的风景确实奇而且美。

又如豫章村。康熙三十四年的《胡氏宗谱·旧序》说："永嘉山水，秀丽无如楠溪大小二箬[①]，岩耸挺，空兀崆峒，历有仙灵凭居托迹。下此而称名胜，莫如豫章。文峰砚沼钟其奇，玉笋幞头著其异。其间降岳发祥，代多伟烈，居其下者，则有胡氏。"豫章村的风景也确实很美。村在小楠溪西岸，大路却在东岸的山麓。一条小路斜出，穿过密密的滩林，来到砂石滩，小楠溪上没有桥梁，一只舴艋舟静静地横在岸边。上船使篙，登西岸，又要穿过密密的滩林。出林之后，田畴平阔，远处重峦叠嶂之间白云出没，山脚下参差一带房舍，便是豫章村。村北村南，小楠溪转弯处，回旋成碧绿的深潭。回头东望，江对岸狮子山松柏如浪。

楠溪江流域虽然东西两面有雁荡、括苍山脉为屏障，南面又隔以瓯江，历来比较平靖，但仍不能完全逃脱兵祸。所以有些避难而来的人，在楠溪江中游还要寻找更安全的地方定居。这种地方要更隐蔽，更险阻，更易守难攻。《珍川朱氏家谱·始祖操隐翁朱公墓志》说：他"见世荒乱，民多聚盗，弃官不仕，家于温。……但目击理乱，关心竟不能释，再迁罗浮，而大乱扣城。对其子曰，此不足以隐吾迹矣！东观西望，乃定居于清通乡之珍川"。珍川就是花坦、廊下。这里是狭窄的河谷地，十分幽深。坦下和塘湾，都位于圈椅形的山坳里，三面陡峭不能通人，只在一面筑城寨便可守御。鹤阳、廊下、白岩、东皋等村，则三面环水，背后重山屏护，只有踏过矴石才能进村。东皋村的矴步长达二百十一石。

村落的选址，着眼于土地、水源、山林，着眼于小气候、安全、防灾。但在靠天吃饭的时代，农民把握自己命运的能力很低，他们不得不把吉凶祸福归因于各种神祇和自然力量。堪舆风水便是一种自然力崇拜的产物。溪口村戴氏大宗祠的一副门联写着："水秀山明常出仁智；地灵人杰永传声名。"山川形胜被看成人事兴衰的原因。村落选址的时

---

① 即大箬岩和小箬岩。

岩头村丽水湖畔的住宅

候，往往要请"地理师"或"阴阳生"，也就是风水师。楠溪江村落里受过文化教育的乡绅，大多也对风水有兴趣，好"习青囊"，兼任地理师。在楠溪江流域村落选址中，他们最主要关心的两点：首先是环境要有领域感，领域感能引起村民的归属感和安全感，以利于培养宗族的凝聚力、向心力。例如，村落背后有祖山、少祖山，前面有案山、朝山，左右有大小连绵的几层山，叫护砂或左辅右弼。这是一个闭合的环境。"腰带水"也能造成领域感。村址四周的山岭不仅要闭合，而且要大体有中轴，景观要近于对称，要有层次，这是中国人传统的审美习惯，有时也隐喻衙署的公堂，希望子孙能当官。但当官先要中科举，所以选村址的第二个着眼点便是最好附近有圆锥形的山峰，尤其希望在村子的东南方，即巽方。这个尖尖的山峰就叫"文笔峰"或"卓笔峰"，它象征毛锥笔尖，主文运。如果有整齐的一排三个或五个这样的山峰，就会叫"笔架山"，也能主文运。岩头、蓬溪、豫章、埭头等村都有文笔峰。苍坡则有笔架山。

如果环境不很理想，也可以用人工补救。例如用庙补阙、用塔代文笔峰之类。岩头村在村南端汤山上造了一座小小的石塔，塘湾村也在东南方巽吉山上造了一座，都主文运。

凡有文笔峰的村子，必在村前面对文笔峰有一口天然的或人工的池塘，叫砚池，使文笔峰投影于其中，叫作"文笔蘸墨"。而且，圆锥形的山峰是"火形"，怕引火进村闹灾，所以用水池消解。岩头、蓬溪、豫章都有砚池，《豫章胡氏宗谱》说到村口的墨沼："文笔峰倒映如笔尖之蘸水，秀气所钟，可使仕宦迭出，科第连登，文笔代不乏人。"埭头村建在很陡的山坡上，仍然费很大的工程造了个砚池。

风水堪舆本来还有很重要的一个关怀，就是宗族的繁衍，但在楠溪江比较少见，这和楠溪江浓重的书卷气，把读书进仕当作最高追求有很大的关系。

芙蓉村在南宋时候出过18位高级京官，村人至今仍归因于芙蓉村的好风水，"前横腰带水，后枕纱帽崖，三龙捧珠，四水归心"。陈氏大宗祠里有一副楹联，写的是："地枕三崖崖吐名花明昭万古；门临象水水生秀气荣荫千秋。"三崖就是纱帽崖，也就是芙蓉峰。其他各村的宗谱里也都有这类记述，例如花坦《珍川朱氏合族宗谱·序传》说："山自东来，雁岩钟其灵秀；水由西去，蜃江接其澄泓。飞凤天马呈其奇，金钟玉屏挺其异。皇矣十景，弘彼千英；五代肇基，万年卜宅，巍科显仕，珠贯蝉联；隐德鸿儒，星罗棋布。"

寨墙·街巷·沟渠

  楠溪江中游的村落，大小不等。大的如岩头村，占地大约18.5公顷，有房子将近100座。芙蓉村占地大约14.3公顷，有房子将近80座。中等的如苍坡村，只有9.4公顷左右，房子50座上下。一般说来，耕地比较多的大盆地中央，村子比较大；小盆地的村子大于河谷里的，平地上的大于山坡上的，等等。这些都与农业生产条件有关。

  此外，年代早的村子小，年代晚的村子大。如同在一个大盆地里，始建于晚唐的下园村和始建于五代的周宅村、苍坡村都不大，而最大的岩头村和枫林村分别创建于南宋（或元代）和明代。造成这种情况的原因是，村子的始迁祖为避世乱而来，当地又不能完全避免战难和村落间的械斗，所以自卫意识很强，村子在早期就筑了防御性的围墙，限定了村子的规模。人口增加，一旦墙内住满，就必须有一个或几个房支迁到新址另建村落。所以，渐渐地，一个宗族在楠溪江流域就可能有几个村子。如廊下和埭头由花坦分来，西岸由岩头分来，芙蓉陈氏分出坦下、水云、珠岸等十余个村子。谢灵运的后裔，初居鹤阳村，后来分出鹤盛、蓬溪、东皋等将近二十个村子。始迁祖初来的时候，人口少，势单力薄，寨墙所围的面积自然就小一些，后来再建新的村子，宗族在当地已经有了相当的发展，又有老村子作依靠，面积自然就大一些。

寨墙用大块蛮石砌筑，两米多高，底厚1.2—1.5米，顶厚0.8米左右。有的有铳眼。除了防御之外，寨墙还有多种功能，如塘湾《郑氏宗谱》中的《新城记》所说："是城也，可以为屏藩，可以为锁钥，可以为村坊之风脉，可以为洪水之堤防。一举告成，百端藉利，殆有合乎王公设险以守其国之道欤？"防洪是低处各村的大事，寨墙便兼防洪堤。周宅、港头、渡头等村临江一面寨墙有里外两

东皋村小巷（李玉祥 摄）

层，廊下临溪的寨墙有8米多高，厚达6米以上，都是为了防洪。岩头、苍坡东南部兼作蓄水坝的一段寨墙厚度在14米上下。

不论大小，不论新老，这些村子的建设都曾经过不同程度的规划。大盆地中央地势平坦处的村子，寨墙范围大体作矩形。朝主要道路的一面，只有一个寨门，又叫溪门。有的很华丽，如芙蓉村的，为三开间的两层楼房，上层是敞轩，底层明间没有台基，可供车门出入。有闸门。雕梁画栋，用斗栱，下昂作象鼻式，很纤巧华丽；有的简朴而优美，如东皋村的，只用原木构架建单间门，前后出檐轻远，两侧墙上的蛮石巨大，有的长近一米，极其雄浑刚强，反衬得木门格外灵巧。门外古松一棵，俯身护住寨门。有的极有古意，如苍坡村

的，牌楼式，四柱三楼，斗栱硕大，构件都有结构作用，下昂以杠杆方式承托挑檐檩，大有唐宋遗风。朝农田的一面或几面，寨门虽然简单，但有好几个，便于出去耕作。

坦下村三面陡崖，只在正面筑寨墙。西岸村三面临水，也只在正面筑寨墙。鹤阳、蓬溪、豫章、白岩等少数村子，有江水和山崖为天然屏障，所以没有建寨墙。

廊下和花坦，在珍溪上游，雁荡山西麓，一向多兵灾匪患，又多械斗，所以城墙特别坚固，城门特别重防御性。廊下的北门和西门都是堡垒式的，门前凹入一小块空地，可以从三面打击攻门的敌人。门外临溪，只有矴步可达门前，易守难攻。

村子里的主要街巷网是方而正的，不过都是丁字街，没有十字路口。各村都有一条既宽又直的主街贯穿全村，如芙蓉的如意街、苍坡的笔街、枫林村的圣旨门街等。岩头村比较大，有南北走的进士街、浚水街和一条东西走的横街。这条主街是全村的脊梁，大宗祠、旌表性牌楼、公共活动中心等大多造在主街，它成了封建礼制的表征。其余次要的巷子与主街垂直，间隔大体均匀，或者相当于一幢三进的住宅的总进深，即50—60米，如岩头，或者相当于一幢七开间住宅而决定了全村的竖向设计，也就是决定了每座房子地坪的标高，所以沟渠网的建设必须先于造房屋。芙蓉村的寨墙之内，南部和北部都有不小的一片空地，房子还没有造，但道路和水系已经造成，界划出一块块的房基地。它们是村落建设顺序的证据。

村落的水系和农田的水系统一规划。按风水术的要求，最好从西北角引进村落，从东南角出村，"山起西北，水归东南，为天地之势也"。楠溪江最重要的几个村子，如岩头、苍坡、芙蓉、塘湾、溪口、溪南等，都是这样的。岩头村和苍坡村都在村子东南筑堤蓄水成湖，作为水库，于天旱时开闸灌溉农田。并且利用湖面建造了规模很大的公共园林。

供水的沟渠并不只用于供饮食水，日常洗涤也都靠它们。沟边隔不

埭头村，左为鲁班庙，右为松风水月宅（李玉祥 摄）

远便有石级、石板，从早到晚，长街短巷里，都有妇女们蹲着浣洗。鲜艳的花衣服映在水中，孩子们绕着"鹅兜"嬉戏，街巷里漫溢着柔和的生活气息。

排雨水和污水的小沟也通向供水的大沟，大沟水越往下游越不清洁。村子里因此都有宗族的规定：定期清理沟渠；日出之前不许在沟里洗衣，让人把澄清了一夜的水挑回家去用于饮食；渠内不许放鹅鸭；不许洗沾有粪便的衣物；等等。尽管如此，渠水仍然不够洁净，所以各村又开挖水井，如不大的苍坡村，至少有13口水井。西岸村有几个大口井，其实是几米深处的一泓水池，从一侧有斜坡可以下去，直达水面，很便于挑水。村民们因象取名，称它们为"瓠瓜井"。有些靠山坡的村子则有泉水，如塘湾、坦下、埭头、溪南等。塘湾村的泉源在村西南角的碧泉涧，涧左右长满竹树，郁郁森森，非常幽深，是塘湾村十景之一，宗谱里有诗描写它："泠泠碧涧郑公乡，屈曲回旋泽孔长；岸茸漫夸书带秀，萍繁时荐水泉香。"

岩头村的水系工程最复杂，最巧妙。它的引水口在村北两里五涑溪中流的水底。水底铺石板，板间留缝隙，水从隙中漏进"地下水库"，洪水季节，水量不会太大，枯水季节，能引来五涑溪中最后一滴水。水从这水库经涵洞穿过大堤，然后由明渠流到村西北角的上花园，分为前浚、后浚流入村中，再分支。或明或暗，穿过村子后，后浚各支和前浚的一支汇为东南角园林中的几个池沼，最后都由涵洞出寨墙，灌溉农田，注入江中。这个复杂的水系由二世祖日新公（元中统丙子—至正戊子）初建，桂林公（1494—1569）在嘉靖三十五年建成。《岩头金氏宗谱·桂林公行状》里说："本族地址颇高，田苦旱涸，升四四公（按：即桂林公）捐田废资，开凿长河一带，以备蓄泄。开筑高埠，培闸风水，建亭造塔于其上，垂成，归之大宗，为通族公业。"长河即丽水湖，高埠就是拦蓄这几个湖的堤坝，也是寨墙，亭即堤上的接官亭，也叫花亭，塔即园林西侧村南端汤山上的文峰塔。桂林公的水利建设，既为农业，也为村民生活，更造成了楠溪江中游最美的大型公共园林。为纪念他的功绩，把汤山北麓，也是由他兴建的一座书院改为专祀他的祠堂。这书院的布局很特殊，进门之后绕过泮池、影壁是个很大的水池，要从池中央一道长长的石板桥上走过才能到明伦堂，石桥当中还有一座水亭。把这样的书院改为专祠，不论有意无意，倒是正好表现了桂林公对水利建设和文化建设的贡献。这座祠后人叫它水亭祠。

村落格局

寨墙、街巷网和沟渠系统，构成了村落的基本框架，这是村落规划的第一步。下一步是村落格局的分区，这其中主要的是各种公共活动中心和商业区的定位，居民的社会分化也会在村落的结构中表现出来。

楠溪江中游各村落的结构中，居民的社会分化表现得不很明显，大概是因为当地经济并不发达，自耕农为人口中的绝大多数。传说经桂林公规划，岩头村西南部的浚水街、中央街、桂林街和花前街上各有3—7座很堂皇的三进两院式大宅，同治元年，为争柴山而成世仇的枫林镇人告发岩头人勾结土匪，于是清兵烧毁了岩头村许多房屋，西南部这一区全部被焚。现在，浚水街上还有比肩6座大宅的遗址清晰可辨，中轴线的间距为48.3米。其他三条街上还各有一两座大宅遗址能够辨认。可以确定，岩头村的西南部曾经是富户区，面积占全村的一半以上。这四条街都在横街以南，南北走向，平直而且整齐，间隔50—60米。大宅朝东，前门和后门各在一条街上。街上，西侧都是大门，东侧都是后门。后门外有宽阔的供水渠道通过。厨房在大宅的后端，用水排水很方便。四条街都比较宽，以浚水街为最，它宽达7.2米，水渠宽有2.7米，渠中水量充足，滔滔而流，直接从上花园来，水质十分洁净。这条街充分表现出富户区的特点。现在在大宅的遗址上造了些零星散乱的小住宅。

苍坡村有一条三退巷，一条九间巷，巷子的名字说明它们都是大型住宅集中的地方，是富户区。[①]

　　礼制中心是大宗祠和一些旌表性建筑如进士牌楼、贞节牌坊、圣旨门之类形成的建筑群。楠溪江中游的村落，绝大多数是血缘村落，笼罩在温情脉脉的宗族制度之下。大宗祠是宗族关系的象征，旌表性建筑是宗族的荣誉，所以礼制中心是最重要的伦理教化中心，也是整个村落最重要的公共活动中心。

　　礼制中心多在村落中占据最重要的位置，不过有些村子的礼制中心在主要的村门之内，是贯穿全村的主街的起点。如岩头村的金氏大宗，在正北的仁道门里，朝南，紧靠着进士街的西侧，前面有进士牌楼，后面有节孝坊；芙蓉村的陈氏大宗在东寨门里，朝东，紧靠着如意街的北侧，隔街有演乐台，每逢祭祀，有乐队在台上演奏，也叫迎宾台。花坦村的朱氏大宗在西门，即"溪山第一"门内，朝东，靠主街的北侧，隔街有一座亭子，大约也是乐队的演奏场所。门前有两座骑街牌楼，其中一座是进士牌楼，从进士牌楼向东到小宗敦睦堂，一线有七八个牌楼。

　　有些村子，礼制中心在村中央，如廊下村、苍坡村、塘湾村、珠岸村等。苍坡村全村的建筑朝南，独有李氏大宗朝西，面向全村的风水山笔架山。祠前是一方叫作西池的大水池，祠的北侧靠主街笔街，正对着笔架山。笔街的东端是东池。这个礼制中心与公共园林合一。塘湾村的郑氏大宗在中街的西北端，西侧是水池，前方东侧是个桥头小广场，叫上桥头，俯瞰一条大冲沟，风景佳丽，终日有人闲坐清谈，这个礼制中心又是个休闲中心。

　　比较特殊的是坦下的礼制中心，它在寨墙之外的东南角上。坦下村是芙蓉村被元兵焚毁之后由一些孑遗族人迁来重建的，可能当时急于筑墙防卫，而且大宗祠本来在芙蓉村，所以没有考虑建礼制中心，后来建宗祠的时候寨墙已经筑成，墙内没有合适的地点了。

　　礼制中心一般比较庄严肃穆，除了极少数的如塘湾那样与休闲中心

---

① 楠溪江方言，称建筑的"进"为"退"，三退即三进。

合一的外，平日很少有人逗留。但大宗祠多数都有戏台，每年冬季有地方戏班演出，而且春蒸秋尝参加的人数也很多，所以宗祠前都有个宽敞的广场，便于人们活动、集散。演戏的日子挤满了卖吃食的小摊贩。

一个村里的宗族，在人口繁衍多了之后，要分出房派、支派，房派、支派都要建自己的小宗祠，村子里往往有好几个小宗祠，有些村子，如芙蓉村，一共有大小18个宗祠，蓬溪村有12个宗祠，岩头村则有10个。小宗祠的规模比较小，大多并不形成显著的礼制中心。乡人称小宗祠为"厅"。本房宗人的住宅多聚在厅的左近，厅是房派的活动中心。

大小宗祠的选址，与礼制考虑的同时，都有风水堪舆的考虑。《珍川朱氏合族副谱》里详细地记述了花坦、廊下等村朱氏大小宗祠的风水。如"追远堂"是"其地前则面堆谷之山，右则环珍带之水，相其阴阳，卜云其吉"。芙蓉村的十几座小宗祠随着大宗祠一律朝东，也是由于风水，它们都以芙蓉峰为少祖山。

按照风水堪舆术数的说法，庙宇等"阴气重"的建筑不应造在村子里与民居混杂。江南一带，它们常常造在水口，形成一个崇祀中心。水口在村子的下游不远，是村子所在的小盆地里诸水的总出口。因为楠溪江中游村落都有防御性的寨墙，边界范围很明确，风水术中惯有的村落的"水口"有些就只设在渠水出村的地方。岩头村、苍坡村、塘湾村都以墙内的园林为水口，在这里造了几座庙宇，如岩头村的塔湖庙和文昌阁，苍坡村的仁济庙和塘湾村的山隍庙，等等。

因此，楠溪江中游的村落，崇祀中心很不发达。只有岩头村，在它北面两里左右的五溿溪边，也就是引水渠的起点处，叫"双浚头"或"溿头"的地方，建了三座庙，分别是三圣庙（主祀张骞，求子息）、太阴庙（祀陈十四娘娘，主痘花）和卢氏娘娘庙（主子息），可以说得上是个崇祀中心。[①]周宅村的中央，有一座土地庙，庙不大，前面有一

① 据说因为张骞通西域带回来了石榴。石榴多籽，所以张骞便成为司子息的神灵。陈十四娘娘是福建的民间神，楠溪江各村普遍崇祀，是从福建传来的。卢氏娘娘又叫孝祐夫人，楠溪江人，主妇幼各事。

方小广场，广场前左方立一个双柱门。广场地面用彩色卵石铺出十八朵莲花。双柱门前的地面上则用卵石铺出仙鹤茶花图样。这也可以说是一个很别致的崇祀中心。多数村子里和村子边上，散造些庙宇，不大，有香火，但对村子内部的格局没有什么影响。天、地、水是农业生产的基础和命根子，奉祀天（尧）、地（舜）、水（禹）三位"大帝"的三官庙处处都有，大的兼作路亭，小的高不过盈尺而已。

楠溪江中游村落里，大多有一个公众休闲交往用的活动中心。它们占着重要的位置，形式经过设计，在村子里造成很美的景观。芙蓉村、枫林村、塘湾村和渠口村的休闲交往中心，都有一方水池，池中造一座亭子或池边造一座水榭。芙蓉村和枫林村的，在主街中段，靠在街边，也就是在村子当中。芙蓉池东西长43米，南北宽13米，芙蓉亭在池中偏东，是座两层楼阁式歇山顶的方亭，从南北两岸架长长的石板通向亭子。水亭周边设美人靠，成天有老人们坐着说古道今，享受几十年来的友情。池子周边设石阶，妇女们一面洗涤，一面谈笑风生。串村走乡的货郎也喜欢把担子歇在这里，一只手掀起衣角扇凉，一只手抓着螺壳号呜呜吹起，召人来买新鲜猪肉。和严肃的礼制中心不同，休闲交流中心笼罩着亲切而祥和的气氛。芙蓉池一面临如意街，三面被白墙青瓦的房子包围，空间很完整，水面倒映着村西的芙蓉峰。西侧的芙蓉书院，书声琅琅，隔墙送到亭里，给这个优美的交谊场所添了浓浓的文化色彩。

枫林村的水池叫圣旨门湖，隔街对着圣旨门，这条街就叫圣旨门街。圣旨门是明代宪宗皇帝为旌表徐尹沛三兄弟的友爱而赐建的，叫"尚义之门"。湖在街南，东西长26.7米，南北宽7米，水亭偏于西侧，三开间、歇山顶。两层的圣旨门和池边的少许树木、一面照壁，使这个休闲中心的景色比芙蓉村复杂一些，不过范围小，不及芙蓉村的开朗。这个中心有树木点缀，多少有一点园林风味，所以被列为枫林村"十景"之一，叫"瑶亭御风"。

溪口村有一座"明文里门"。南宋理学家戴蒙是本村人，他在村里办东山书院，宋光宗赐了一方御题匾，书"明文"二字，里门为悬挂这块匾而造。这座三开间的门成了公众休闲的地方。

蓬溪村的休闲中心在纪念先祖谢灵运的康乐亭和它前面的空场，位置在村口。

这类经过规划设计的公共休闲中心，在村子里位置重要，有优美的建筑物和空间环境，建造的用意，当然不仅仅在于作为休闲漫聊的场所，而有社会文化的深意。芙蓉书院、康乐亭、尚义之门，都赋予它们礼乐教化的功能。

各村里还有一些没有经过规划、自发形成的小小的休闲场所，大多在避风向阳的巷子口上，时时有不远的几户人家的妇女们带着孩子来做针线，纳鞋底，缓缓谈论些家常，亲情洋溢。例如水云村的"石头蛋"、塘湾村的"上马石"。妇女们的交流场所还有溪边石阶头和井边。

楠溪江人对生存环境有很高的审美要求，还表现在对村子主立面构图的经营。其中最完美的长卷有坦下村沿寨墙展开的画面，有岩头村东南部塔湖庙和丽水湖的画面，苍坡村从寨门到望兄亭的画面，花坦村主街的画面，等等。这些画面由寨墙、寨门、亭阁、庙宇、牌楼、民居等组成。建筑的形式变化大，体量变化也大，高低疏密，错落有致，夹杂一些参天古树，非常丰富活泼，也非常和谐统一。坦下村的画面，前有平展展的稻田，后有圈椅形的岩石山，蛮石砌的寨墙上亭阁参差，构图特别完整。

楠溪江中游的村落，街巷宽而有水渠；两旁房屋都是单层的，檐口不过3米多高；住宅不做封闭的院落，围墙矮矮的，住户的家庭生活多半在街上都能见到；空地多，池塘多，绿地多，又多竹林老树；村落里处处都能领略四外的岚光瑞霭。这样的环境，养成人们平静祥和、宽松明朗的胸襟。一个陌生人走进村落，觉得自己会作为一位朋友受到欢迎，不会像走进江南许多村落那样，钻进一条条曲曲折折夹在高高马头墙之间的窄巷子，心里受到压迫。

村落和自然

　　楠溪江的乡民们非常重视生活环境的审美质量。他们细心地保护自然景观，也细心地创造着人工的景观。这是他们在优美的山水间养成又经过千百年文化陶冶的一种气质。他们把这种气质深深地渗透在村落的规划和建设中。

　　在选择村址的时候，乡民们注意山环水抱、形局饱满而匀称，充满勃勃的生命跃动。他们对村子的自然环境的赏鉴极为细腻。《坦下陈氏宗谱》载康熙时人陈玠侯描述坦下村的诗："团团一派石，绿竹间青松。沙外溶溶水，门前叠叠峰。山花开屿岸，野鸟唤春风。锄犁能读史，□□振飞鹏。"许多村子都有"十景"或"八景"，这是他们对环境长期细致地观察品味的结果。谢道宁"鹤阳八景诗"之一"锦峰春晖"道："万仞屏环仰照临，阳和随见破群阴。岩花呈秀分高下，野树浮光间浅深。适兴宜无人蹑屐，寻幽还有客抚琴。西郊只隔疏林外，多少红尘乱扑襟。"诗人以一种自然的生活态度欣赏山水的美，又通过追慕先祖康乐公，把这种生活态度融进千年的文化传统里去了。

　　许多村子，在规划布局的时候，有意把自然山水直接引到村子里面来。引山的，如鹤阳村的兰玉台，埭头村的卧龙冈，岩头村的汤山；引水的，如塘湾和溪南。他们在山上水畔，稍稍点缀些亭榭，种植些竹树，便把它们人文化了，成了村落的一部分。《鹤阳谢氏宗谱》载：元代至正年间，谢添孙"襟怀潇洒，雅爱宾客……善音乐，喜与人吟咏……与西席陈先宾主义洽，相与筑台于东山之上，植兰种竹，取康乐公遗言镌其岩曰兰玉台。师生经暇，憩息其间，以消长夜。朋友倡和，成《兰玉台集》"。到了明代，任职锦衣卫的谢廷循"创楼于鹤溪之西，因楼傍清流，故名曰临清，以为宴宾吟咏之所"。同时又在村北水溪边造了一座"临流亭"，绘了图呈明宣宗御览，宣宗题了一首诗："临流亭馆净无尘，落涧泉声处处闻。半湿半干花上露，飞来飞去岭头云。翠迷洞口竹千个，白占林梢鹤一群。此地清幽人不到，惟留风月与平分。"这座亭因此也叫"宝翰亭"。

埭头村的卧龙冈在村子后部中央，是祖山山腰一个向前凸出的部分。因为是风水山，所以竹树培育得非常茂盛，明代人朱阆轩写的"小源埭头十景诗"说它"卧龙盘处倍葱茏"，至今依然。冈顶略经人工修整，形成一个大约209平方米的平台。中央一棵大樟树，六七个人才能合抱，浓荫覆盖整个平台还有余。平台右侧有一道山洪冲沟，在平台下隐为涵洞，山水出洞后曲折而下，像瀑布一样奔泻冲突，轰轰震响。一条石径，傍冲沟登上平台。平台右上方还有一个神坛，胸墙围绕，十余级台阶上头立着一座砖门，门里一棵大樟树，与平台中央的一棵连接，在全村都可以看到它们团团的、浓浓的、四季碧绿的树冠，仿佛笼罩着整个村落。神坛右侧密密一大片竹林，青青葱葱直漫上山腰。卧龙冈上视野开阔，正前方对卓笔峰，左有锦屏山，右有九峰山，都在埭头村十景之中。

溪南村有一条4—6米宽的小河，从芙蓉峰下流来，大曲大弯，穿过全村。河两岸种着树木，以垂柳为多。柳树下一丛一丛的红蓼和芦苇，掩映着几座石板桥。这条美丽的绿带，造成了村子很独特的性格。全村房子都面向小河，小河急剧地弯曲，房子便显现出各种角度，轮廓错落，千变万化。它们在河面上画下明丽的倒影，波光粼粼，整个村子都闪动起来。

塘湾村穿村而过的是一条冲沟，发源于西端的碧泉涧，到大宗祠西侧汇成一个大水池，水池东北角上有两座水亭。从水池北岸起，冲沟

蓬溪村口关帝庙（李玉祥 摄）

被拱券覆盖，迤东形成大宗祠前的广场。到大宗祠东端，上桥头下，冲沟出了涵洞，沿中街而下，越来越宽越深，两岸都是树木。流到村子东端，汇合从村南来的另一条冲沟，深达5米左右，宽达10米左右。在浓荫之下，山水奔腾咆哮，轰轰隆隆，十分壮观。然后由山隍庙前的外风桥水关底下流出寨墙，注入大江。这条冲沟，性格与溪南村的小河大异其趣，但同样显示出楠溪江人与自然和谐相处的愿望。

两岸村和下园村，各以寨墙外弧瓜井和水池为中心，种植大树，形成半自然半人工的风景点。西岸村弧瓜井边的古树，连接着滚滚如绿浪的滩林，漫无际涯。下园村的水池，是蛮石的雕塑，衣衫鲜丽的姑娘们在台阶上下，在池边洗涤，给粗犷的雕塑点染上柔和的欢乐。

村里也有水池，除了供日常洗涤、防灾、改善小气候等功能，也同样是村子景观的重要点缀。池边有树有花，多的是百日红和木芙蓉。明人劳宜斋《瓯江逸志》写道："温州芙蓉高与梧桐等，八月杪即放，九月特盛，……但见红霞灿烂，亦奇观也。"南宋诗人"永嘉四灵"之一赵师秀有名句："黄梅时节家家雨，青草池塘处处蛙。"那种情境在楠溪江村落里随处可见。

对大自然的亲和感以及蒙昧的自然崇拜所产生的堪舆风水术，除了选址之外，对楠溪江村落的规划布局还有很大的影响。例如主街的走向，宗祠和文昌阁等公共建筑的位置，民居的朝向，池塘的分布，等等，都由风水术决定。乡人们最津津乐道的，是苍坡村和岩头村的布局故事。苍坡村西有三个圆锥形山峰并列的笔架山，村里的主街，长长的直对笔架山，叫笔街。笔街傍西池的北岸，西池就叫砚池，正好倒映着笔架山。砚池与笔街

鹤阳村矴步（李玉祥 摄）

之间的一块空地上有三块大石条，村民们把它们叫墨锭。笔街以北有整整齐齐八条巷子，把村落界划为八行笺纸。于是，笔墨纸砚文房四宝都齐全了。这样据说就能大大有利于苍坡李氏宗族的文运，发荣科甲。

关于岩头村风水的传说则表现出乡民对自然的另一种关系。传说明代大阴阳家、"国师"李自实看出来，村东的屿山是一条大蟒幻化的，会不利于金氏宗族。于是他在村子里规划了四条东西向的窄巷，象征四支箭；另有两条小巷在东端分岔，一条在东端曲折，象征两把半的"镗"。这七件武器就把屿山镇住了，使它不能为害。看来，风水术不但看到人与自然的和谐，也看到了人与自然的斗争，不过，把和谐与斗争都化为虚妄的迷信。

这一类堪舆风水的传说，几乎村村都有，芙蓉村的"七星八斗"也很著名，但是现在已经没有人能把这传说说明白。

公共园林

　　由于对自然美的热爱，在盆地中央离山离江比较远一点的村落里，就规划了大型的公共园林。最杰出的是苍坡村和岩头村的，溪口村的莲池规模也很大。[①]

　　苍坡村和岩头村的公共园林都在村子的东南角，用寨墙拦蓄穿村而来的渠水形成了几个防旱灾的水库，利用它们建成景色秀丽的公园。苍坡村的园林建于宋代，据康熙五十一年《苍坡李氏族谱》记载，拦蓄湖水的寨墙建于宋孝宗淳熙戊戌年（1178），墙头的柏树林也是当年种植的，至今还存活三棵，老干如铁，粗可合抱。湖水分两大片，东池南北长147米，东西宽19米；西池东西长80米，南北宽35米。两者之间有长28米、宽16米的水面连接。在这个连接两池水面的北岸，造了李氏大宗祠（初建于1055年，屡经改建）、仁济庙（初建于1180年，也屡经改建）和太阴宫。大宗祠的南侧和仁济庙的东、西、南三侧都临水，所以打破常规，建成开敞的亲水廊子，拦以空灵的美人靠，使建筑与水面相互渗透，浑成一体。凭栏顾影，心澄如水。东池的北端有一座水月堂（初建于1120年，屡经改造），是一座书斋。四面临水，两侧有廊，正面一带院墙花格空透，使东池北端似尽而未尽。水月堂小院里有水池和假山。《珍川朱氏宗谱》载明代中叶花坦朱阁轩"石假山"一诗，首联

① 莲池四周绿地已造满了房子，只剩水面和池中的亭子了。

是"谁欤挺秀若天然，叠翠层峦景万千"，可见当时楠溪江中游已有叠假山技艺。除水月堂外，岩头村的上花园、芙蓉村书院山长住宅小园和司马第家塾的花园，假山的遗迹至今依稀可见。东池的东南角，寨墙之上，有望兄亭（初建于1128年）。墙外平野漠漠，一碧连天，几只白鹭，款款飞翔。北望东池，仁济庙粉壁

岩头村从塔湖庙看接官亭

朱栏，映照明丽如画。远处的水月堂，则溶进朦胧的水光中了。西池宽阔，又叫砚池，把笔架山影拥进了怀抱。西池的东南角则是斗栱健硕、大有宋意的寨门。因为这几座建筑物里有三座初建年代早于1178年，很可能宗谱说1178年筑寨墙是指培筑石墙，而土堤早已有了。咸丰年间的李西坡，是位名医，经他擘画，东西两池沿岸曾经花木扶疏，药圃缤纷，池里荷伞亭亭。《李氏族谱·序》说："苍坡之地，始有夹岸花堤十六咏，亭台莲塘广数里，山明水秀。"

岩头村有三座园林，西北角的上花园、东北角的下花园和东南角

的塔湖庙丽水湖风景区，这是楠溪江中游最大最美的公共园林，是嘉靖三十五年（1556）筑寨墙蓄水后形成的。它的格局很复杂。东面是略呈弧形的长达300米、宽约20多米的丽水湖。湖东岸的长堤又叫荷埭，湖西侧沼泽里蓬勃着青青的芦苇。长堤宽13米多，后来，沿长堤东缘，造了72间一色的铺面，形成了商业街，叫丽水街。铺前有廊子覆街，临水一面挑出美人靠。这廊子俗名观景廊，廊上有楹联："萍风碧漾观鱼栏；柳浪翠泛闻莺廊。"

丽水湖的南端，遮天蔽日的大樟树下横一道三孔的高高石板桥。西侧刻着"明嘉靖戊午年仲秋吉旦金氏建"几个字。桥西，是长约67米、宽约9米的镇南湖，它北面平行地有一汪长80米左右、宽15.5米左右的进宦湖，它们之间的长条半岛形陆地叫琴屿，大约16.2米宽。琴屿东半长满了木芙蓉，西端建塔湖庙和庙前的戏台。庙右小书斋叫森秀轩，轩后有右军池，纪念王羲之。庙左有乾隆庚申年（1740）造的文昌阁，阁前是智水池。镇南湖东南岸就是兼作拦水坝的寨墙，长满了数人合抱的苦楮树、樟树和柏树，鳞干虬枝，与琴屿上木芙蓉的繁花形成生动对照。树荫下立一座重檐攒尖的方亭，叫花亭，又叫接官亭，是调解村民纠纷的地方，楹联写着"情理三巡酒，理情酒三巡"，告诉乡邻乡亲，要息事宁人，和睦相处。

塔湖庙背后靠着不高的汤山，山顶有文峰塔。塔是大理石的，七层。山的北侧有水亭祠。

这一座塔湖庙园林，有湖、岛、山、堤、亭、庙、阁、轩、塔、戏台、桥等，有各色树木花草，内容丰富，景观变化多样，而风格淡雅清逸，不脱乡土本色，达到了造园艺术很高的水平。岩头村的"金山十景"中有八景在这园林里，计有长堤春晓、丽桥观荷、清沼观鱼、碧屿流莺、笔峰丛翠、水亭秋月、曲流环碧和塔湖印月。公园是村民们公共的休闲场所，乡村文人们更常来优游。十景诗里，"长堤春晓"有句"结伴连朝频载酒，行吟不惜绕长堤"；"丽桥观荷"有句"坐对嫣然如解语，乘风散步纳凉时"；"清沼观鱼"有句"沼堤花柳可行歌，笑看游鳞跳锦波";"曲流环碧"有句"不知把钓垂竿子，坐对渔矶乐若何"。在这些诗里，可以很鲜明地看到乡村文人们徜徉于美景中的生活意趣和文化素养，也可以看到他们的寄生性。

苍坡村北宋创建的园林和岩头村这座明代嘉靖年间创建的园林，至今保存完好，没有大的变动。[①]

溪口村的莲池像个琵琶，东西长近百米，东端宽处大约26米。宽处水中央有个十字形平面的亭子，北侧架石板桥登岸，所以莲池又叫水亭塘。池西端横过一道石板桥，桥上东望，浩浩渺渺，远处水亭前月台上影影绰绰仿佛有人。溪口村的戴氏宗谱里有"南山十景诗"，描写水心亭"月台观荷"："亭榭俯横塘，盈盈一水长，柳丝披拂处，惊起两鸳鸯。"可惜现在水池周围已经造满了房屋，柳树伐尽，荷花不生，鸳鸯也难得再来了。只有东北角上的山坡，还是竹树森森，给湖水一片碧色，衬出炊烟袅袅，有几分妩媚。"合溪（即溪口）十景诗"里有"长湖秋月"，写的是"晓镜初升彻九垠，长湖秋色净无尘。水天浑合澄空碧，形影分明见本真。玉宇三千光编烛，琉璃数顷冷浸人。江楼此夕愁偏剧，知己遥遥莫问津"。幸好水池还在，此景此情，依旧可以再现。不过那水亭已是1990年用钢筋混凝土再造的了。

苍坡、岩头和溪口，公共园林中的大湖大池，原本是防灾的水库，每逢干旱，便开闸放水，灌溉大片农田。园林是借用了水库而形成的。

---

① 近年在苍坡村的东池上造了一座钢筋混凝土的曲桥，把池水拦腰切断。李氏大宗祠临水的敞廊被堵死，祠前左侧填了一道堤，走拖拉机。岩头村丽水湖北端造了一座钢筋混凝土的奇形怪状的丑楼房。

工匠老司

    20世纪中叶以前，楠溪江中游还处在自然经济和半自然经济之中，社会生活比较简单，相应地，为生活的各种领域服务的建筑类型就少一点，乡土建筑的系统发育得不很充分。

    主要的建筑类型有：居住建筑、礼制建筑、宗教建筑、崇祀建筑、旌表建筑、文教建筑、商业建筑、交通建筑、风景建筑、休闲建筑、防御建筑，等等。其中有些类型的建筑并不发达，如商业建筑和交通建筑，防御建筑的种类也不多。

    和江南各地相比，楠溪江流域的各种建筑都谈不上有什么大型的，也没有工艺技巧特别精致复杂的，并不以细巧华丽的装饰见长。楠溪江各类建筑的第一个特点是朴素平易。它们所用材料无非是原木、蛮石，少量砖和白灰。原木、蛮石都保持着它们天然的本性、本色、本形。弯的就是弯的，糙的就是糙的，仿佛信手取来，不施斧凿，便造成了房子，以至这些房子成为自然的一部分，能够和山川草木共呼吸。楠溪江各类建筑的第二个特点是率真自由。它们大多不死守严格的类型化的程式，连礼制建筑都不拘一格。它们随着需要、随着环境、随着条件而变化组合，形式很灵活，没有矫情的做作，因此处处显现出创造性。楠溪江流域建筑的第三个特点是风格的亲切、明朗、轻快、活泼。基本不用封火山墙，悬山墙头挑檐很宽，腰檐穿插，悬鱼纤长，特别诱人。在粗犷的蛮石衬托之下，细细的、弯曲的原木搭成的空灵的梁架和出檐很深的薄薄的屋顶，更加显得轻盈生动。第四，大多数建筑是外向的、开放的，很少封闭的内院。连庙宇、祠堂也会设带美人靠的临水敞廊。住宅四面设门窗，以薄板为外壁，没有冷冰冰的防卫性。前院的围墙用蛮石垒筑，高只及胸，墙头放几盆葱、种几棵菊。墙内墙外的人隔着花招呼聊天。第五，楠溪江的建筑虽然朴实无华，但有很精敏的艺术处理。高低大小的体形组合、权衡比例，石、木、白灰各种材料质地、色泽、外形的搭配，都经过细致的审美推敲。不同尺寸和形状的蛮石用灵巧多变的手法能砌筑出非常美观的富有雕塑美的墙垣。木结构采用侧脚、生起、卷杀等古老的造形加工。轻快的月梁，柔和流畅。尤其是飘逸生动的屋顶，微微翘曲，像鹰隼展开翅膀，给建筑魅人的生命力。鹤阳村的叙伦堂是这种造型的极致。第六，楠溪江的工匠也能做很华丽精致的细工。如藻井、神厨都很辉煌，苍坡村太阴宫旁一户人家收藏的三对浮雕柱础，艺术品位很高，它们原来是不远的乾符灵山院大殿的，高约42.5厘米，直径约52厘米，浮雕云龙纹，云舒龙游，非常生动有力量。灵山院建于唐玄宗先天年间（712—713），柱础不知道是什么时候的作品。

楠溪江流域有自己的各作工匠，有些甚至因为有功于乡间而得以载入宗谱。如《两源陈氏宗谱》里有一位明代工匠的传记："有福公，字祐如，号兰轩，智巧绝伦，有造凤阁龙楼之技。家贫不能读书，然颇知大义。岁戊子建文广公祖祠，公匠心独运，不惮艰辛。"另一位明代的工匠，见于《坦下陈氏宗谱》："讳士商，字兆霖，气象温和，与人无忤。少习公输之业，精专其事，相材度木，适中其度。所以遐迩创厦新宇，皆任于君。"从"匠心独运""相材度木"看来，他们都是建筑的设计者。给工匠立传，并用"智巧绝伦，有造凤阁龙楼之技"和"遐迩创厦新宇，皆任于君"这样的话来赞美他们的术业之精，在农村宗谱里十分少见。可见楠溪江人的通脱，社会偏见比较弱。

由于父子师徒承传，建筑行业的各作都有专业村。新编《永嘉县志·歌谣谚语篇》有一首"地名谣"里唱："大木老司出罗坑，石头老司出中堡，烧瓦老司出敬仁，泥水老司出绿嶂。"不过由于建筑业的季节性，而且规模也不大，所以这些工匠的专业化程度还不高。大木老司是工程主持人，也做家具、农具。泥水老司也垒锅灶，并且做装饰雕塑，"雕龙就像龙一色，塑凤就像凤飞腾"。打石老司也做捣臼、磨盘甚至刻墓碑，也会把"狮子捧球打镂空"。砌墙老司还要造石拱桥、券地道、铺卵石地。铺卵石地要镶嵌出飞鸟走兽、四季花卉各种图案，叫"插花石"。有一首专唱大木老司的歌谣是：

> 大木老司手艺精，手控丈杆量得清。
> 曲尺木斗线弹准，墨画梁柱分寸明。
> 双退大屋两边轩，能造高楼大厦厅。
> 梁上叠梁斗叠斗，红油栏杆雕花名。
> 宫庙寺宇造古董，亭台楼阁八角井。

"丈杆"或称"制尺"，用竹篾做便叫"造篾"。上面画着整幢房子或者一种构件的全部大小尺寸。丈杆由大木老司画出，交给各个工人去操作，它相当于施工大样图。"八角井"指的是八角形藻井，在楠溪江多用于祠堂和庙宇的戏台上，是当地结构最精巧、装饰最华丽的木作。豫章村胡氏中宅分祠享堂中央、渠口村叶氏大宗、塘湾村郑氏大宗和廊下村凤南宫的戏台都有藻井。有些村子连亭子里也有藻井，如花坦村东门谯亭、水云村赤水亭等。"斗叠斗"，说的是斗栱。楠溪江也有少量使用斗栱的建筑，而且制度很古老，有宋代大木作的遗风，如岩头的进士牌楼、苍坡的溪门、花坦的敦睦堂大门和宪台牌楼等等。这些斗栱硕大而精巧，还有起杠杆作用的下昂。住宅的院门、次要的寨门、小宗祠的前门，常用一种"双柱门"，左右一对柱子，上面向前向后挑出五六层插栱，或者叫丁头栱，既轻盈又挺拔有力。如周宅村土地庙前小广场的双柱门，西岸村大石祠堂的院门等等。藻井里和芙蓉村的溪门上也有变形的装饰化的斗栱。

除了宗谱、歌谣之外，颂扬工匠的技艺的还有楹联。岩头村公共园林里的花亭，形制很特别，它东北面的楹联写的是："名师留奇迹，怪匠逗行人。"在乡土环境中，工匠的创造性劳动受到包括士绅在内的村民们的尊重和揄扬，亲切而富有幽默感。还有一首歌谣详细叙述了房屋的建造过程：

> 深山采来沉香木，鲁班祖师造新厅。
> 择定黄道吉庆日，起木发兴做不停。
> 大木老司来做工，画好图样定屋形。
> 石匠老师定磉石，阴阳定向遇吉星。
> 清吉良辰来拼木，多少功夫料排成。
> 黄道吉日开柱眼，竹匠柱头箍得紧。
> 竖柱喜遇黄道日，上梁巧逢紫微星。
> 梁上重梁斗叠斗，四面花窗映花明。
> 屋顶盖落滚栋瓦，地砌玉砖斗七星。
> 四面搭起禽兽头，墙头嵌镜发光明。
> 九曲游廊团圈走，平地着板太和珍。
> 玲珑花窗腾落闳，窗下书架摆现成。
> 前后锁落门对门，开门关门凤凰声。
> 前有亭栽栖凤竹，后有池养化龙鱼。
> 兴造房屋开风水，财聚小康振家声。

"平地着板"指的是天花板，"太和珍"是一种装饰图案。"腾落闳"是门窗镂花格心后面的一块木板，可以上下抽拉。

这首歌谣值得注意之处是施工过程中择日、定向、"嵌镜"等风水迷信。迷信固然荒诞，但在科学未兴的时代对村落环境，对建筑布局、施工和一些做法都有影响。

住宅

　　楠溪江流域最有创造性的建筑是住宅。和江南绝大多数地方不同，楠溪江的住宅，尤其是中小型住宅，程式化程度很低。《明会典》规定，庶民住宅只能三开间，直到清代，各地民居大多遵守这个规定，但楠溪江民居，多五、七开间，水云村有一座住宅甚至是十五开间。它们形制多，形式变化自由。开朗、亲切，大多数全用素木蛮石，略略点缀几块白粉壁。江南各省，最常见的是内向封闭的住宅连接成片，在村落景观中，没有住宅个体，它们消失在连续不断的高墙后面。高墙夹成小巷，村落仿佛不是由一幢幢房屋组成，而是由一条条巷子组成的。只有零落的几个门头点缀着长巷。但楠溪江的住宅大多孑然独立，外向开敞，面面构图别致，各不相同。这些住宅最能表现乡民们坦诚、率真、淳厚的胸怀和乡土文人们崇尚淡泊自然、潇洒通脱的价值取向。

　　楠溪江中游还有几幢很古老的住宅。花坦村马湾有一幢，五开间，单层，传说是宋代的。它后院有一口井，石井圈上刻着"宝庆二年丙戌（1226）"几个字。虽然住宅未必是宋代遗物，但确实已经久经风雨，高高的门槛磨损得只剩下细细的一点了，而且柱础全用木头墩子。蓬溪村状元街东口李时靖宅和塘湾村上马石东北侧郑伯熊宅也被称为宋宅，但同样无法确证建造年代。这几幢古宅都很朴素，比较矮，花坦村的檐口高刚够3米，李时靖宅檐口高不及3米。它们即使平面呈三合，外围四

鹤阳村住宅（李玉祥 摄）

面依然用板壁，而且开门窗，没有防卫性和很强的内向性。

　　明代末年和清代初年是楠溪江住宅建设的高峰期，造了些内院式的大宅子。那时候，商品经济有了发展，连很偏僻的鹤阳村，谢灵运的后裔，也有一位谢裕孙（1311—1375），宗谱说他"性爱淡素，不尚浮靡，且殖业繁蕃，创第宏敞"。"殖业繁蕃"，大约是经商致富。有了钱，便造"宏敞"的宅第。嘉靖年间，岩头村桂林公主持在村西南部浚水街等处造了连片21幢三进大宅，可惜现在只剩基址，当年面貌已难了解。不过蓬溪村、苍坡村、水云村、塘湾村都还有些明代大宅，它们的院落比较宽敞。它们外围局部有砖石墙，但砖石墙在正面只到檐枋下，在侧面也露出山墙上部木构架，仍然是原木蛮石，十分朴素，可见"不尚浮靡"是普遍的风尚。宗谱中引以为荣的，是先人们读书、吟诗、种竹、艺蔬的自然生活。住宅风格反映了这种生活趣味。

　　清代初年的大型宅第以芙蓉村西部的司马第为代表。它造于康熙年间，仿佛由完全相同的三幢两退四合院并列组成，厢房共用，一共36个

水云村住宅（李玉祥 摄）

整间。三座院落都用砖墙围护，各有自己的正门。门前横着一个共用的宽大的前院，左侧造三间家塾，漂亮的镂花屏墙里竹木掩映，右侧是一所大花园。院前遮一方磨砖影壁，它左右又各有一个小前院。从小前院进来，折过影壁，再从中央大门进入前院。这所大房子号称司马第，用料、做工远比明代大宅考究，也比明代的大宅谨严而且封闭，十分内向。

明代和清代的大型住宅，布局都比较模式化。但仍然多变体，如蓬溪的一座明代大宅，有七十多间，竟然以水池为前后两个内院，非常别致。

清代的中型住宅外向而开朗，大多正屋五间，两层楼，在前面伸出左右厢而呈"冂"形平面，少数在后面也建厢房。前院地面满铺卵石，作为晒谷场和一些农事的场所。正房前有宽阔的檐廊，廊下置石臼、石磨，并有一种精致的栏杆椅，长约3米，靠在次间窗下。楠溪江气候温和，这个半室内半室外的空间是家庭日常生活的主要场所。妇女做家务、纺绩，孩子嬉戏、读书，老人负曝闲谈，都爱在这里。春米、打年糕、磨粉、磨豆腐、做粉丝也在这里。堂屋没有江南许多地方那么肃穆，那么华丽，大多是个穿堂间，夏间通风凉爽，放几张竹躺椅歇暑。梁上燕子飞进飞出，并不嫌弃寻常百姓，跟他们相与为乐。或许它们的祖先当年曾在王谢堂前飞舞，追随着右军和康乐来到楠溪江。

楼上檐柱很矮，借助屋面坡度才使空间稍稍舒畅一点点。屋顶冷摊蝴蝶瓦，不能隔热御寒，冬季霰珠雪花进屋，夏季蒸炎难耐，所以楼上不住人，只用来储藏粮食、种子和大农具。

晒谷场前砌一道不高的蛮石墙，墙外行人可以看到墙里的活动。正屋和两厢的四面也都用板壁、开门窗，出宽宽的檐子。少数的几幢，如岩头进士街的"金小秋宅"，虽然有砖砌的空斗封护山墙和院墙，但山墙上做装饰性轮廓，院墙上开大面积镂花窗，而且正屋右侧的山墙高耸，下面横插两层腰檐，完全是外向的设计。

中型住宅中最富有创造性、最别致的是埭头村的"松风水月"宅。它位于村后卧龙冈前凸出的小山肚上，背后宽大花园直连卧龙冈葱葱茏茏的竹树。主屋单幢七开间，没有楼，中央五间前檐有廊，尽间屋顶稍低，没有前檐廊，而在挑檐下设美人靠。因此，大体形虽然简单但仍有些变化。它的特殊变化在院前。院门外地势下跌1.5米而且紧贴一条长约30米、宽4米多的水池。院门不能向前出，便右转弯下台阶，却在正面开了门洞而设美人靠拦住，玲珑妩媚，别有风趣。右转下台阶后，再左转又有一道砖门，门右侧高处屹立着一座庙，弓形山墙极富紧张的弹性张力。这是鲁班庙，埭头是个世代木匠的专业村。

豫章村《茗川胡氏大宗谱》里有一篇《望云楼记》，详细描写了明代永乐年间士绅胡彦通的营屋和乡居生活："彦通纯实谨愿，不为薄习，遇高人硕士，辄倾怀于觞酒间。乃度其所居堂之后，爽垲幽闲，宜楼居，乃构楼若干楹。楼之左右宜竹，而又植以竹也。重檐峻出，四窗虚敞，而朝云暮雨，散旭敷晴，则荫连溪碧，翠接山寒。夫楼中之佳致也多在于竹，彦通每于风朝月夜，携朋挈侣，施施然游息于斯楼之上以极其潇洒者，盖其襟度宏深，神情超畅，能不以天地间事物为心虑也。"从这篇记可以见到，当年的乡土文人很着意于生活环境的营造，亲自擘画，从而把自己的文化素养和胸襟怀抱渗进到了住宅里。显然，这类住宅不是单靠工匠设计建造的。

乡村文士的住宅，洋溢着浓重的文化气息和对自然美的迷恋。他们在家里造轩、造楼、造书斋，同时便也造小花园。洪武、永乐年间，鹤阳的谢德玹在家里造了一间书斋，濒临溪流。他写了一首《临水书斋》诗："碧流湛湛涵长天，小斋横枕清堪怜。牙签插架三万轴，灯火照窗二十年。长日尘埃飞不到，常时风月闲无边。已知圣道犹如此，乐处寻来即自然。"豫章村胡宗锟，宣德年间中书舍人，退隐归田，在宅中造了一座紫微楼，《胡氏宗谱》说他"植竹种花，终日坐卧其间，时临墨迹，随兴吟诗，优游自乐。或与密友笑谈、围棋、饮酒，如是二十余年"。

楠溪江各村多一些清代后期的小型住宅，它们无拘无束，最富创造性。五开间一幢，加上几间附属房屋，猪棚牛舍之类，组合非常自由灵活，屋顶、披檐上下穿插，面面都形成很活泼、很富于变化又很完整和谐的构图。它们一般都没有围墙，大大方方地袒露着，略略有几株树木掩映。这些小型住宅特别能表现楠溪江建筑的天然性格和气质，它们清淡平实，又秀雅妩媚。芙蓉、周宅、霞美、东皋等许多村普遍都有。

村落里当然也曾有过贫穷人家的陋屋。《两源陈氏宗谱》收录了一首资叟公的诗，名叫"田家"，写的是："颓屋矮檐四五家，腰镰荷笠事桑麻，耳边不涉风波事，欸乃声中日未斜。"田家住的是檐子矮矮的颓屋，规模当然也是小小的。住宅最能敏感地反映社会的分化。

宗祠

　　血缘村落里最高等级的公共建筑是宗祠。宗祠是宗族的象征，它起着团结宗族、维护封建性的人伦秩序的作用。塘湾村郑氏大宗祠里有一副楹联："萃子孙于一堂序昭序穆；享祖宗以万稷报德报功。"这是对宗祠基本功能的最简要概括。

　　一个宗族通常要分为几个房派，房派之下又有支派。因此宗祠也分为几个层次。全宗族的最高宗祠叫"大宗"，只有一个，房派的宗祠称为"厅"或称"小宗"，一村可能有好多个。有一些"功宗德祖"，对宗族有特别重大贡献的，如岩头的桂林公，则可以建专祠。一个村里往往有十几个宗祠。

　　宗祠里供奉着祖先的神主，按时祭祀，因此对宗族或房派有了神圣的意义。于是，它便常常用作宗族的聚会厅、议事厅、礼堂和法庭。对宗族有重大意义的物品，如圣旨、诰命、祭器、祖宗像、族谱等，也保存在祠堂里。能够光宗耀祖诱导子弟上进的纪念性和旌表性建筑，如牌楼、贞节坊、御书楼等等，大都造在宗祠近旁，共同形成村落的礼制中心。岩头的金氏宗祠北有节孝坊，南有进士牌楼，花坦的朱氏大宗，南侧有恭藏明孝宗御书"溪山第一"匾的"溪山第一"楼，东面则为一系列牌楼的起点，直到小宗敦睦堂。村里的戏台大多附属于祠堂或庙宇，演戏都借敬祖酬神的名义，宗祠因而也成了娱乐中心。由于集中着这许多具体的功能于

芙蓉村陈氏大宗祠，从祀厅看戏台

一身，宗祠便表征着宗族和房派的经济、社会和政治地位，关系着宗族或房派的荣誉。宗族和房派着力把宗祠造得壮观宏大，富有装饰。《珍川朱氏合族副谱》里有一篇《如在堂记》，写道："为子孙者，睹规制之伟宏，则思祖德之宽远；见栋宇之巍焕，则思祖业之崇深。岁时致享，敢不敬肃。"建筑艺术有了深刻的意识形态意义和伦理教化作用。宗祠因此造成乡村中最华丽的建筑，是各种工匠技艺的代表作。

　　宗祠的建造费用，大多来自祠下公田的收入。也有由士绅倡捐，或按丁口摊派的。出不起钱的则出劳力。建祠费用很大，所以宗祠往往初创时小而简陋，以后再陆续增扩。《渠川叶氏宗谱·重修叶氏大宗祠碑记》里说："明弘治甲子……肇建宗祠，敬宗收族……祠仅一重，草创而已。本朝康熙癸亥……重建，拓地二十余弓，翼以两廊，奄有两重，规模略备。乾隆壬辰……重建头门，前后历三重，宏敞高深，堂堂乎巨构矣！"楠溪江现存的大宗祠，大多初建于明代，当时朝廷扶植宗族制度，全国都兴起建造宗祠的高潮。

宗祠是礼制建筑，因而格局严谨，程式化程度很高，而且大多包围于高墙之中，不像住宅建筑那样容易灵活多新意。宗祠建筑风格与住宅建筑风格的分化，反映着上层雅言文化与下层民俗文化的分化。不过，楠溪江的宗祠比起江南其他各地来，仍然是比较朴素而且不拘一格的。

楠溪江大多数的大宗和一部分小宗包含一个七开间的享堂、一个门屋，两侧有廊庑连接。小宗大多数不过是三间或五间的一座享堂，前面便是院子。祭祀之后要分胙，所以大小宗祠都有香积厨。享堂是最庄重的地方，春秋两祭都在享堂里隆重举行。明间太师壁前有神厨，供奉始迁祖和功宗德祖的神主。神厨有细木镂花的罩，精巧玲珑，涂朱描金，极其华丽。它前面置长条的香案，雕饰繁富，与神厨统一成艺术的整体。其余列祖列宗的神主则分昭穆安置在两侧神厨里。也有雕花细罩和菱花格扇门，稍稍简单一些。享堂前檐完全敞开，祭祀的时候人多，有一部分人只得站在院子里。在前檐柱与前金柱之间，左侧悬钟，右侧架鼓。

芙蓉陈氏大宗的形制比较完备，它朝东，正门前有个大院子，中央开了一方水池，叫"相承池"。池东岸，靠着寨墙有一座照壁。朝南的院门叫"光宗门"，朝北的叫"耀祖门"。这两座门和水池的名字点明了宗祠的主题。

小宗的名称都是主题性的，如"明德堂""追远堂""三槐堂""五桂堂""崇本堂""叙伦堂""敦睦堂"等等。《珍川朱氏合族副谱》有一篇《桂馥堂记》，说到这座建于明代的房派小祠的命名："意者欲使后嗣子孙，顾名思义，上体父祖培植之勤，下笃子孙思绳之念，将书香振起。承俎豆者，玉树芳兰，翰墨生辉；答蒸尝者，金蝉紫诰，科甲连登。家声不坠，簪缨继美，世泽常新矣！"一个堂名，鲜明地宣扬着传统的人文价值取向，寄托着对子孙的厚望。

享堂里的楹联和梁枋上的匾额也都起荣耀先祖、教育子孙的作用。鹤阳村谢氏宗祠叙伦堂的楹联是："江左溯家声泏水捷书勋绩于今照史册；瓯东绵世泽池塘春草诗才亘古重儒林。"[①]上联说的是谢安、谢石、谢玄，下联说的是谢灵运。溪口戴氏大宗楹联则是："理学朱程昔承道统；溪山邹鲁今逞文明。"说的是宋代戴氏几代人在理学上的成就地位。

门屋的明间是门厅，它面向享堂有一座戏台，通常是向院子凸出的，少数的就在门厅内。院子是观众席，乡民看戏自带板凳，妇女多在廊庑上层。那儿就叫"看楼"。院落进深相当大，加以享堂一般面阔七开间，除去左右廊庑所占，还有五开间多一点，所以院落很宽敞。采取这种形制的至少有芙蓉陈氏大宗、苍坡李氏大宗、渠口叶氏大宗、塘湾郑氏大宗、鹤阳谢氏大宗、豫章胡氏大宗、桐州蒋氏大宗、珠岸陈氏大宗、坦下陈氏大宗，以及花坦和廊下的朱氏大宗等，廊下的朱氏小宗也属这类。

戏台附属于宗祠，并且面向享堂，正统的说法是演戏为了敬祖，请祖宗看戏。这当然是一种借口。温州是"南戏"的故乡，产生过高明《琵琶记》这样的戏曲名作。但是，历史都有一些正统儒者和地方官员，借口演戏伤风败俗，屡屡禁止，如清初学者刘献廷在《广阳杂记》卷二里所说："后之儒者乃不能因其势而利导之，百计禁止遏抑，务以成周之刍狗茅塞人心。"《鹤阳谢氏宗谱》里竟至规定书院里凡"小曲、谣辞、艳史等类片纸不能留"。然而，光绪《永嘉县志·民风》载，温州人从隋唐以来就"尚歌舞"。明人陆容的《菽园杂记》说："嘉兴之海盐……温州之永嘉，皆有习倡优者，名曰戏文子弟，虽良家子不耻为之。"清代道光年间，温州城乡有许多乱弹戏馆，楠溪江中游至少有三座戏馆。禁是禁不住的。于是，上层文化与民俗文化妥协，允许演戏，但是，一是演戏必须为敬祖酬神，只能在宗祠或庙宇建戏台，二是戏曲内容要合乎礼仪。渠口村有一光绪年间《重修渠川叶氏大宗祠碑记》，说："台之改作，勿以戏观。族人致祭，岁时伏腊，团结一堂，演剧开场，以古为鉴。伸忠孝节义之心，怅触而油然以生。"冠冕话很漂亮，

---

① 鹤阳村谢氏大宗在村东约一里许，残破太甚，所以暂以叙伦堂供奉谢灵运神主。1990年代初，大宗祠已修复。

实际上戏台上"小曲、艳史"少不了，好在祖宗不见怪。

戏台大多用歇山顶，檐角高挑，舒展欢快，成为宗祠内部的建筑艺术重心，和它的功能相适应。它又是小木作装修的重点，戏台中心的藻井，非常华丽精美，镏金斗栱斜出，层层叠叠，宛转如流云，而且彩饰十分鲜艳，如渠口、塘湾等大宗祠的戏台。

享堂也多藻饰。刚柔相济的月梁，流畅而轻盈，两端弯转的"虾须"极富弹性。有些月梁上还作卷草行云薄浮雕。豫章胡氏中宅分祠在享堂中央做了个藻井。

虽然宗祠的形制比较保守，但楠溪江人毕竟是很洒脱的，根据地形、环境的情况，有些宗祠也有些变化。例如，苍坡的李氏大宗，面对西池，南临连接西池和东池的一泓水面，它把南侧的廊庑做成了水榭，既便于在祠内观赏优美的风景，也使宗祠与水相亲，融进园林景致之中。另一个例子是西岸村的"大岩房祠堂"，乡民们简称为"大石祠堂"，建于清代初年，是金氏三十五世祖金大绅夫妇的家祠。它规模不大，主体是五开间的四合院，前面和左右两侧被大约6米宽的水池包围。进了双柱式院门，过一道低平的石板桥，便是前进宽阔的五间檐廊，尽端两开间设美人靠。明间是过厅，穿过过厅，后檐柱之间也设美人靠，俯瞰中庭，竟是一方水池。享堂位于山坡上，地面比前进高1.5米左右，两厢有阶梯。上了阶梯，享堂地面上，裸露着三块原生岩体，最大的一块长约2.8米，宽约1.5米，高出地面0.9米上下。享堂前檐也是美人靠，下临中庭方池。金大绅的房派名为"大岩房"，不知是因为房名而有意在宗祠的享堂里留下几块原岩，还是因为有这几块原岩以致房派得名为大岩房。乡民中流行一个颇为动人的故事，说金大绅为造这座宗祠而亲自参加打石平地，非常辛苦。有一次不小心铁锤砸到手上，流了许多血，染红了岩石。于是决定留下这几块岩石，好教后世子孙知道创业的艰难。故事可能有真假，但传达出先人们教育后人的殷切心情。

文教建筑

　　乾隆《永嘉县志·学校》说永嘉县"乡间社学，本古党庠术序，亦较他州为多"。楠溪江中游，所以能在科举中有所成就，并且出了不少学术地位很高的学者，而且士习民风彬彬有书卷气，教育之发达，是重要原因。

　　办教育主要有两个目的，一个是科考，一个是教化。隋唐以还，朝廷以科举取士，读书成了攀登社会阶梯的途径，而且几乎是唯一的途径，于是刺激了农村教育事业的发展。《茗川胡氏大宗谱·胡氏义塾规》里说："是以愿人文蔚起，高拔五桂之芳，门第常新，足兆三槐之瑞，……愿沼芹迭采，云路同登。"而在地方长官和士绅看来，教育又是传播儒学正统，维护封建宗法秩序的重要手段。正如《礼记·学记》所说："君子如欲化民成俗，其必由学乎。"所以乾隆《永嘉县志·学校》说："此吏治所首重，民风所视以转移也。"

　　不论科名仕途，不论立纪明教，都是宗族的大事。所以各族族规里都规定了子弟务必要读书，"以耕读为业"。《云岭潘氏宗谱·家训》说："祖宗家法，以忠孝节义为纪纲，以耕读勤俭为本务。"不但提倡，而且负起责任，纷纷兴学。《岩头金氏宗谱·家规》写道："每岁延敦厚博学之士以教子弟，须重以学俸，隆以礼文，无失故家轨度。子弟有质士堪上进而无力从学者，众当资以祠租曲成之。"所有宗族，都有学田

（或称儒田），以田租办义塾，资助学子膏火费和应试赴考以及中式后祭祖、打点等各项费用。子弟取得科名的，一律载入宗谱，举人以上，在宗祠门前立旗杆，宗祠大厅里悬匾，春蒸秋尝，与耆老同列，并且可以多分馂余。

教育机构，有几个层次。最高的是学术性的书院，多在宋、明两代，如溪口村的东山书院，是南宋进士、曾任太子进读的著名理学家戴蒙辞官回乡创办的。由于成绩斐然，宋光宗御笔赐"明文"二字匾，于是改称明文书院。明代朱垟村的白岩书院和花坦村的凤南书院，分别由当地著名学者朱广文和朱墨瞿主持，两人都著作宏富。墨瞿公的学生王瓒于弘治九年中进士一甲二名，任南宋国子监祭酒，礼部侍郎，也有著作传世。明孝宗因王瓒之请御书"溪山第一"匾赐给朱墨瞿。豫章村的石马书院，明代曾得致仕退养的中书公胡宗韫来论学、题诗。芙蓉村的芙蓉书院、塘湾村郑氏的戕牲书院等等，当初也都不是普通的学塾。

以讲求学问修养为宗旨的学院为数不多。村村都有几个的是由宗族和房支（小宗）兴办的以科考为目标的义塾。如岩头村的永亭书院，据《岩头金氏宗谱·宗祠》记载，明代嘉靖年间，桂林公"原创水亭为子孙课业计，自兹文学振兴，叨膺科第，至今胶序蝉联，绳绳不绝"。水亭祠为金山十景之一，叫"水亭秋月"。有诗"绕栏银浪涌层霄，倒影苍茫映碧寥。烂醉不妨亭上卧，清光相伴到来朝"乡土文士们的读书生活，还是散淡而潇洒的。又如芙蓉村司马第外院左侧的学塾。再有一种是在乡文人在自己家里"设帐授徒"，如岩头村明代嘉靖年间的金九峰，"性闲静，每日闲坐一室，凡经史以及诸子百家书无不娴，而且究心于星学，陶情音律。至于制艺歌词，皆其余事耳……设绛帐以诲生徒，春风四座，化雨一庭，洵是师儒领袖"（《岩头金氏宗谱·九峰先生五旬寿序》）。这些私塾都在住宅的一侧，或在宅后的"读书楼"中。楼中多富藏书，楼前则为园庭。还有一种是私人的书斋，现存最著名的是岩头塔湖庙右侧的森秀轩和苍坡东池北端的水月堂。记载中的则还有豫章村南宋绍兴年间的给事厅、鹤阳村明代的环翠楼等许多。

为倡办书院，择地建舍，是在乡文人很关心的义举。《茗川胡氏大宗谱》生动地记述了东山书塾的兴废历史："茗屿胡氏旧有读书楼，在居之东，极其幽静，……尝延师以诲子弟，由是族属衣冠济济，咸知以礼律身。"后来读书楼废，文运遂衰。"嘉靖癸丑仲至冬日，源泉、乔西二公谋于众曰：……向也礼教不及前人，盖由家学失传之故耳。今宜续建精舍，以陶后进，庶几书香不泯，愿克肖者听。皆曰善。于是改卜地于东山之屏，厥地燥刚，厥土孔良，遂匄木植，庀工藏物，期年而舍成，腐庨壮丽，傍峻垣墉，望之岧然。名之曰东山书塾。量出田租若干石，以为累岁延师教育之费。"书塾大多不但位置好，而且"腐庨壮丽"，"望之岧然"，是楠溪江流域乡土环境中很重要的建筑物。

书院的选址很讲究。芙蓉村芙蓉书院和溪口村东山书院（明文书院）都在村子中心。芙蓉书院在贯通全村的主街如意街中段芙蓉池的西岸。芙蓉池倒映着芙蓉峰，池中央有一座四角玲珑的芙蓉亭，是全村景观最美、最富有人情味的村民活动场所。芙蓉书院朝东，也便是与如意街、与街东端的大宗祠，同一朝向。大门开在如意街，为书院前侧。芙蓉书院的前墙便是芙蓉池的西墙。芙蓉亭里整天坐着老年人休闲，芙蓉池畔整天有妇女洗洗涮涮，聊聊家常，孩子们则在老人和妇女间来回嬉闹。楠溪江各村的宗谱里都喜欢用"户户弦诵"来形容宗族文风之盛，芙蓉书院里的琅琅读书声便在芙蓉池上回荡。这是老人们的记忆，是妇女们的希望，是孩子们的憧憬。

溪口村的明文书院也在主街一侧，但与主街并不同朝向，而是面对主街。但书院的大门在主街旁的一个小小空场上，也是在书院侧面。

大多数书院，都在村外风景佳丽而安静宁谧的地方，以利于潜心攻读。例如豫章村的石马书院，位于"渠口寨山之麓，后枕高岳石壁，下临溪流深渊"（见《豫章胡氏宗谱·古迹》）。塘湾村的犹牲书院，造在屏风崖侧，"崖后百武许有小瀑布，……下有重磨岩"（见《棠川郑氏宗谱·志地景》）。书院因此常常被列入楠溪江村落的十景或者八景之

蓬溪村"近云山舍"（李玉祥 摄）

中。溪口村的蒙公书塾（即明文书院，清代改作蒙童学塾）是"合溪十景"之一，"十景诗"里写道："宋第名儒系泽长，东山传有戴公庄，湾中书带草空绿，垄上龙鳞松尚香。"鹤阳村的书院叫环翠楼，"八景诗"里有"环翠书声"："幽阁崚嶒碧树荣，琅琅中有读书声，半空掷地金钱解，五夜朝天玉佩鸣。"花坦村的西园书院，"其中牡丹最盛"，"前有莲池"，每逢佳日，文士们前去赏花赋诗，书院竟成了公共园林。虽然或许有碍静修，但环境之美可以想见。岩头村的水亭书院，位于浓荫如海的汤山的北麓，紧邻塔湖庙园林。西、南两侧墙埠之外，都是宽阔而水量丰沛的溪流，终年滔滔不息。

私家的书斋同样也环境优美。嘉靖年间，岩头村的桂林公除了建造水亭书院之外，还改造塔湖庙南侧的香积厨为书斋，叫森秀轩。它面对镇南湖，湖北是盛开木芙蓉的琴屿，湖南是古木参天的大堤。轩后有个小院，一泓曲水，叫右军池，细流潺潺，清澈见底。桂林公自题森秀轩诗其二有两联："门植垂堤陶公柳，院开洗砚右军池。谈棋石磴风频至，烹茗松轩月上时。"轩很朴素，三开间，确是读书的好地方。

苍坡村的水月堂造于东池北端，四面环水，以右侧一道石板桥与西岸相接。它是宋徽宗时苍坡李氏八世祖李霞溪造的，在这里"寄兴觞咏以终老焉"（光绪《永嘉县志·杂志·遗闻》）。十二世祖李澹轩，于宋宁宗时重修水月堂，作为会友吟诗的地方。到清咸丰年间，三十三世李西坡慕杭州湖心亭之名再次重建水月堂而成为现状（见康熙五十一年《苍坡李氏宗谱》）。它三开间，歇山顶。有小院，布置山石花卉，围以漏透花墙。东池两岸种药栽树。

书院的形制变化很大。溪口的明文书院，主体像一座民居。正屋五开间，正脊走南北向，两端前后出轩，形成东西两座院落，院落三面设敞廊。向西的两轩，前端作歇山顶，檐角高挑，轮廓生动，很有公共建筑的特色。最精巧的是它的东北正门，门前一方不大的空地，大门口进阶比较高，而门屋的台基向左侧扩大，上覆披厦，像个敞廊，前有花格美人靠。书院的性格很开敞和易，洋溢着平民气息，有一种"有教无类"的神情。

岩头的水亭书院的格局更加别致。它轴线东西向，进了院门有照壁、泮池、月台和仪门（棂星门）。仪门之后，是一方南北宽约25.5米、东西长约11.5米的大水池，一道石板桥穿过水池，在中段造一座4米见方的亭子。水池后是大厅，七开间，进深竟达13.5米，明间面阔6米，很恢宏。

芙蓉村的芙蓉书院格局最正统。从左侧前面进入院门之后，东西向的轴线上依次排列着泮池、仪门、杏坛、明伦堂和讲堂。仪门前有一对进士旗杆。明伦堂和讲堂都是三开间，在楠溪江是少有的遵守礼制规定的。明伦堂后壁中央有供奉孔子的神厨。讲堂后壁则有两扇窗子，窗外留很窄的一条采光天井，用以照明靠后墙的书桌。书院南侧有三开间的山长住宅，宅前一个宽约12米、长约50米的大花园，园内假山起伏，古木秀竹郁郁森森，一条小溪蜿蜒而过。这座花园雅舍，和楠溪江各村宗谱里记叙的在乡文士隐修读书的环境十分相像，文化情趣很高。弹棋吟诗，抚琴送鸿，神情自在闲适。

和书院书斋一起构成楠溪江中游村落的文教建筑系统的，还有文昌阁、文峰塔和进士牌楼。

文昌阁供奉文昌帝君，司文运功名。嘉庆六年五月，清仁宗颁上谕："文昌帝君主着海内崇奉与关圣大帝相同，宜列入祀典，同光文治。"从此，文昌阁在全国普遍建立。光绪《永嘉县志·建置·坛庙》里说，文昌庙在永嘉"各乡皆有，书不胜书"。

文昌阁通常兼作书院，如廊下、花坦等村的。芙蓉村的甚至也称文庙，奉祀孔子。和书院一样，文昌阁的建设是宗族的大事，是乡绅们很关注的义举。《珍川朱氏合谱·慎轩公传》说朱光润捐赀在花坦村"创建文阁，……经营结构，鸟革翚飞"。这是一幢两层的建筑，两庑用作书院讲堂。文昌阁"鸟革翚飞"，所用的大约是歇山屋顶，在乡村里，便是第一等的杰构了。

文昌阁也都建造在风景最好的地方。花坦的那座，环境便十分秀丽，宗谱说"珍川之胜，于此称第一焉"。花坦的"十景诗"里有"文昌登眺"二首，其一："杰阁凌云起，溪山入眼奇，……游身图画里，俯仰展须眉。"其二："……竹疏风弄影，花暗鸟鸣阴，古树浮波静，空潭落月深……"岩头村的文昌阁就在塔湖庙的北侧，面对智水湖，与庙南侧的森秀轩书斋大致对称，隔一条澄澈溪流与水亭书院斜对，背后山上便是文峰塔，它们一起构成了岩头村的文化中心，是楠溪江中游村落里最完整也最活泼的文化中心。书院和塔都是桂林公主持建成的，文昌阁建于乾隆庚申年（1740）。

士绅们对建造文昌阁的用心，可以在《珍川朱氏合族副谱·改建文昌阁记》里见到一二。清初雍正年间，廊下村的乡绅们集资造了一座文昌阁，"然其地卑下，树木蔽障"，邑庠生朱闻轩觉得不满意。有一天他邀朋友们到桂松岭上闲步，到了一处"广可亩余"的山阿，"见潭水漇洄而涵影，秀峰耸拔以连云；文笔插其右，斗山踞其左，山川环绕，若绣若绮。因喜不胜曰：此真文昌阁基也，可以安神灵而聚风气矣"。于是在乾隆二年将原来的文昌阁拆迁到这块新址重建。潭水涵影、秀峰连云，这新址的环境十分清丽。文笔，指圆锥形的文笔峰；斗山，指覆斗形的山，教人联想到"魁星踢斗"，都和文运息息相关。"安神聚气"，则环境比较闭合内向，有利于读书人静心息虑。后来，这位闻轩公的两个儿子都中了举人，宗谱归因于他迁建文昌阁，为宗族办了善事。

文峰塔被堪舆术士认为能从风水方面影响村子的文运。正统儒学不承认堪舆，但读书人求售心切，接纳了文笔峰，便也接纳了文峰塔。文峰塔是人造的文笔峰。清人高见南著《相宅经纂》里说："凡都、省、州、县、乡村，文人不利，不发科甲者，可以甲、巽、丙、丁四字方位上择其吉地，立一文笔尖峰，只要高过别山，即发科甲。或于山上立文笔，或于平地建高塔，皆为文笔峰。"大多数城乡聚落的文峰塔都造在东南，这里是巽方。因为聚落选址，都喜欢西北高而东南低，"山起西北，水归东南，此天地之大势也"，所以，东南方多偏低或有豁口，以致"巽位不足"，必须用文峰塔补充，以利科甲发荣。

楠溪江中游山峦层叠，大多是火山流纹岩，经过亿万年的侵蚀，近似圆锥形的山峰很多，村落一般都能有天然的文笔峰，如蓬溪、豫章、廊下诸村。需要造文峰塔的村子不多，大约只有岩头村和塘湾村各有一座。塘湾的文峰塔造在东南方的巽吉山上，为塘湾十景之一。《棠川郑氏宗谱·志地景》有"巽吉山"诗："耸然特立一高峰，恰位东南秀气钟，巽吉更加崇宝塔，文风焕发笔游龙。"巽吉山东临楠溪江主流，北望从西面来的小楠溪，西面南面山岭连绵，看不尽的青山碧水，俯视村中，一条古树形成的绿带，从碧泉涧逶迤来到山脚下的外风桥，穿过全村。风光旖旎，如锦上着绣。可惜塔已毁，不知它的形制和形式。

岩头村的文峰塔是明代嘉靖年间桂林公与水亭书院、森秀轩等一起建造的。它位于汤山上，由于山低不能"高过别山"，所以造文峰塔以补不足。现在这座塔也与文昌阁一起在1958年彻底毁坏，幸好还有一些残石，散落在附近民居里。由残石看，这是一座小型的实心灰白色大理石塔，六角形，楼阁式，每层各有三面有火焰式龛，龛中刻坐佛一尊。塔上下分若干段，每段一块整石，有塔身段，有带挑檐的段，每段高不及20厘米。基座底边长29.5厘米。以塔为七层计，则总高只有2.5米左右。这座文峰塔在水亭书院泮池里和塔湖庙左右的湖里都可以见到倒影，形成"文笔蘸墨"的风水。

读书人有了成就，取得比较高的功名，当了比较大的官，就有资格起造牌楼，牌楼是整个宗族的荣耀，位置放在大小宗祠旁侧，成为村落礼制中心的组成部分。它们常常成排成列，给合族子弟极深的印象，激励他们努力学习，争胜于科场。所以光绪《永嘉县志·古迹》说到坊表："古人志厥宅里，树之风声，可法可传，政教悠系。"

楠溪江中游各村，以花坦的牌楼为最多，至少有12座。它们是：

乌府　明英宗正统年间建，为兵科给事中朱良暹立。位于敦睦祠前一侧。

黄门　同上，与乌府为一对，在敦睦祠前另一侧。

奕世簪缨　面对敦睦祠正门，与上述二牌楼形成一组，是明嘉靖进士朱睴立。

乡贤　明正德年间温州知府何文渊为学正思宁公立。

宪台　明弘治乙丑，温州知府李端、永嘉知县刘经为工部给事中朱良以立（朱良以，永乐二十年进士，退隐后进阶朝列大夫，著有《静斋书稿》《政录》等）。位于宪台祠堂前。

钟秀　为举人朱睴立（睴于嘉靖年间中进士，则此牌楼至迟建于嘉靖初期）。

公直淳良　明嘉靖丙寅冬永嘉知县程文著为朱双溪立。

翕和　乡绅西华王公为朱莲溪立。

溪山第一　乡进士知凤阳县令朱义川立，朱睴书匾。

为公宣力　邑令伍公为朱小田立。

鸢飞鱼跃　中书舍人周令为朱幽独立。在西园书院内。

松柏寒贞　明崇祯己巳巡按使徐吉公为节妇邵孺人立。

除了松柏寒贞外，其余牌楼都是为表彰学人而建的。他们或是中了进士、举人，或是当了官，做了点好事，在乡里有很盛的令誉。总之，都是"可法可传"的。

这些牌楼中的大部分，除了宪台牌楼外，都在从朱氏大宗祠到敦睦堂的直街上。直街之南没有房屋，它们和两座宗祠的大门一起形成了村子的南立面，给人以"科甲连登、蝉联鹊起"的强烈印象。近年直街上的牌楼全部拆除，只剩下了村内小街上的宪台牌楼。

宪台牌楼为四柱三楼式，高5.95米，通宽6.28米，风格雄强庄重。中央两棵柱子是石质方形的，两端的则各为一对圆木柱，前后排列。牌楼用斗栱，很健硕，多偷心做法，下昂长大，起杠杆式的结构作用，类似宋代结构。除斗栱形制外，由生起和升头木造成屋面完美典雅的挠曲。牌楼素朴的结构美，使它成为一座建筑艺术的杰作，充分显示出楠溪江工匠高超的技艺和审美趣味。

岩头村有进士牌楼，明世宗赐给大理寺左寺右寺副，后来迁任瑞州知府的金昭。在嘉靖年间建造。位于村子北门仁道门口的金氏大宗祠南侧，与宗祠及宗祠北侧的贞节石坊组成岩头的礼制中心。这座进士牌楼十分壮观，四柱三楼，高7.63米，通面阔8.46米，比花坛的宪台牌楼大得多。它的结构做法和形式风格则和宪台牌楼相同。和宪台牌楼一样，它幸得保存至今。

寺·观·庙

　　楠溪江流域绝少真正的佛寺道观，常见的都是"淫祠"，供奉着多种多样各司其职"有求必应"的神灵。在自然经济的农业社会里，实用主义的巫风与泛灵崇拜盛行，而没有精神性或哲理性的宗教。嘉靖《浙江通志》说："始东瓯王信鬼，故瓯俗多敬鬼乐祠。"嘉靖《温州府志》也同样说："汉东瓯王信鬼，俗化焉，尚巫渎祀。"晚唐诗人陆龟蒙有一篇《野庙碑记》，把瓯越间的巫风淫祀写得非常生动："瓯越间好事鬼，山椒水滨多淫祀。其庙貌有雄而毅、黝而硕者则曰将军，有温而厚、晰而少者则曰某郎，有媪而尊严者则曰姥，有容而艳者则曰姑。其居处则敞之以庭堂，峻之以陛级，上有老木，攒植森拱，……农作之氓怖之，……虽鱼菽之荐，牲酒之奠，缺于家可也，缺于神不可也。"楠溪江各村放在庙中享受香火的神灵，大多是地方性的，有些是村夫村妇突发灵异而被供奉起来，如水云村的陈王庙，所祀的陈王本是村中贫苦农民，衣食难继，一天上山砍柴，忽然呕吐出酒肉来，自称夜夜有神仙召宴，于是也被奉为神，长年祭拜，香火不绝。有些"神灵"甚至来历不明。例如下坞村有一座陈五侯王庙，明代洪武二十二年李贞撰的"碑记"说它"坐镇一乡，民居数千口，咸依密佑，多历年所，祈祷随感而应，灵显不可殚述"。但是，"神之所自及侯爵锡何时，庙额之所以为'显应'，均已不可考"。人们就这样糊里糊涂磕了几百年的头。致力于儒家教化的有司们历来反对泛灵论杂神崇拜，屡加禁止，明代永嘉县令文林甚至毁淫祠，但都没有效果。

叩头烧香不过是因为有难处，求保佑，"祸福悉归之于神"，所以，各种神灵都可以放在一起供奉。蓬溪的关公庙里有土地菩萨、陈十四娘娘、杨府圣王、石压娘子、毛氏夫人、刘一、刘二、衰四、衰五等等，甚至还有济公活佛和孙悟空。[1]西岸村的关帝庙，后来改为送子娘娘庙，关帝像搬走了，关平和周仓没有下岗，就地转业成了送子娘娘的功曹。几乎每一座庙都有这种诸神杂处现象。

庙宇的形制大体与宗祠相同而比宗祠随意。泰石村附近江边初建于北宋的圣湖庙，供奉专管子息的卢氏孝祐娘娘，形制类似大宗祠，大殿七开间，总面阔19.1米。门屋有戏台。大殿后面还有依山而起的一进，两端各有一个歇山顶的敞轩，造成内部流动的空间和外部活泼的体形、轮廓。芙蓉峰下的广福寺肇基于晋，赐额于宋，重建于明成化丙申年，则完全是一正两厢的民居模式。正殿五开间，两端还有厢房排架的延伸，总面阔为26米。门前古柏两棵。后进还有一个五开间的小殿和一间香积厨。岩头村北五㵎溪旁长蛇坑的普安寺规模最大，隐在竹林深处。它三进两院，总进深51.1米，十一开间，大殿净空三开间，进深七檩，大约14.5米。前院厢房进深五檩，后院厢房为六檩。除大殿外，其余部分都划分为小间，而且有楼层，可以供香客夜宿。这是楠溪江中游唯一供奉观音菩萨的佛教建筑，且有僧侣。这三座庙四周的风景都极好，尤以圣湖庙为最。它背靠大树茂密的田螺山，面对大江。江流在庙前转弯，水面十分宽阔，称为圣母潭。帆影点点，白鸥翩翩，相与追逐。两岸青山千万叠，层层直到极远处。

其他小庙无非三间五间加一个前院，有些随宜做些变化。西岸村村北的送子娘娘庙，去水云村路上的肃王殿，都在变化中对各方面形成了很美的形体，虽小而构图丰富，风格十分平易，甚至很俏皮。前

---

[1] 杨府圣王主管水利。陈十四娘娘源自福建，主管妇幼诸事，尤主痘花。刘一、衰四、石压娘子等则均为乡土神，出处无从查考。

岩头村外三官庙（李玉祥 摄）

者由粗大的蛮石墙、粉壁和精致的镂花窗做奇妙的组合，后者以极轻盈纤细的原木构架挑着出檐很远的屋顶，都是楠溪江最美的小型建筑之一。

岩头村的塔湖庙（原名孝祐庙）和苍坡村的仁济庙则在程式中变化。仁济庙位于园林的东池与西池之间，两侧都是水景，它的左右厢因此都做四开间的临水敞廊，设美人靠。庙门前也有一条大约3米宽的连接东池和西池的水渠，门屋前敞开檐廊，除了明间外左右各做三间的美人靠。一条石板桥搭过寨墙，寨墙上1178年种植的古柏，霜干铁枝，天骄如龙，依然生机勃勃。墙外便是漠漠的稻田。仁济庙内院整个辟为水池，荷香四溢。仁济庙是苍坡李氏十世祖伯钧于南宋孝宗淳熙七年（1180）建造的，祀平水圣王周凯。周凯是西晋时人，能治水，有神异，唐时封为平水显应公，宋加爵护国仁济王。水是农业命脉，管水利、降水害的神总会受到特殊的尊崇。

塔湖庙是明代嘉靖年间由金氏桂林公与园林同时建造的。在园林之中，它面对琴屿，背靠汤山，坐西朝东，三进两院，三开间。大殿后满院落也是个荷池。后进在山坡上，两侧有石梯上去。楼上供孝祐夫人卢氏娘娘①，东南面四间全都敞开，下瞰右军池，清泉潺潺，远眺芙蓉村，墟烟如画。堂前凭栏，则见小院中莲叶田田。

塔湖庙有戏台，但不在庙中，而在庙前，与庙相对，距离大约8.5米。演戏的时候，卸下庙门门扇，门屋便是观众厅。但这里是男人们看戏的地方，妇女们则只能站在进宦湖北岸和镇南湖南岸远远地看。十来米宽的湖水是划分男女观众的鸿沟。明代劳宜斋的《瓯江逸志》说温郡每逢"佛事道场"就"男女杂沓"，道光、咸丰间永嘉县令汤成烈撰县志稿，慨叹"报赛侈鬼神之会……士女游观，靓妆华服，阗城溢郭，有司莫之能禁"。不知当年塔湖庙演戏的时候，男女观众是否真的能不越鸿沟一步。

楠溪江中游村边田头，大树下往往有些高不足两米的小庙，多是砖砌而抹灰泥的，有些造型也很精美，大都供奉三官大帝（天、地、水，即尧、舜、禹）或土地。他们直接掌管着农业的命脉，所以享祭最多。正因为多，不正式建庙，只在这种类似龛橱的小舍里栖身，或者到凉亭里去坐着。三官大帝和土地都是爱民的神，很随和亲切。

---

① 孝祐夫人卢氏娘娘，楠溪江卢岙村人，圣湖庙是她的本庙，庙址旧为卢岙村，宋徽宗乾道二年洪水毁村，唯庙独存。卢氏因上山砍柴遇虎，舍身救婆母，故被尊为神，专司子息。

亭

　　楠溪江村落有很多种小品建筑，如牌坊、溪门、过街门、廊桥、亭子等等。小品建筑中，以亭子为最多，过去，楠溪江中游大约有一千多座亭子，到现在还剩有274座。亭子不大，但功能种类却不少。有供路人歇脚的路亭，有寨门口作守卫之用的谯亭，有给渠头浣衣女避雨的，有给村民休息闲谈的，有点缀风景园林的，有待渡的，也有纪念性的，等等，还有岩头村独一无二的作为调解纠纷场所的花亭和水云村作为戏台的赤水亭。它们绝大多数为最普通平常的乡民服务，是公益性的建筑，最富有浓郁的乡情。所以造亭子是善行义举，宗族在族规里鼓励村民们捐资建亭。有的人，在父母做整寿的时候造亭子为父母积德，这种亭子叫"孝子亭"。①有的人，因为得了功名而造亭子，酬谢父老乡亲。巽宅村有座"且息亭"，是乾隆年间村人孙希旦高中探花后造的，楹联上写道："日之夕矣归与归；力不足也坐则坐。"流露出对父老乡亲的关切之情。长年积累，楠溪江三里五里便有一座路亭，从路口乡十二盘到渠口乡泰石村一路上路亭保存完整，其中有11座造于明代，石柱上刻着的"明万历己卯冬月建""大明崇祯七年八月建"等字样还清晰可辨。

　　路亭旁都有高大的古树，山路上的路亭大多近傍山泉。许多路亭，每年从端午到重阳，供应茶水和暑药。柱子上挂着一串串新草鞋，赶脚

---

① 也有孝子造桥铺路为父母祝寿的。

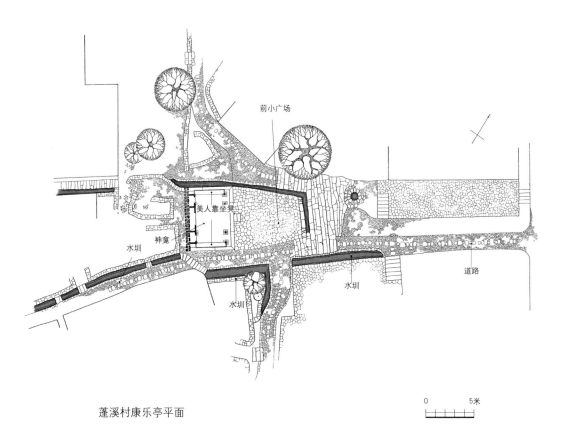

前小广场

美人靠坐凳

神龛

水圳

水圳

水圳

水圳

道路

0   5米

蓬溪村康乐亭平面

人尽管取用。亭角有锅灶、水缸，备足柴禾，给过路人煮饭打尖。这些全都免费供应，有的由个别村民出资行善，有的由宗祠公田收入支付。岩头村南门口的乘风亭，正在丽水街尽头，从乐清到缙云的挑盐人必经之地，柱子上一副对联是："茶待多情客，饭留有义人。"以多情、有义称过客，小小路亭，交流着乡人互相的关怀，也就培育着一代一代人们仁厚的品格。

黄南村的风雨桥，小巧轻盈，高架在穿村而过的山溪上，也是一种路亭，又是村人日常的休闲场所。

各村主要的休闲中心大多有亭，如芙蓉村的芙蓉亭、枫林镇的圣旨湖亭、渠口村和塘湾村水池边的亭榭等。

为求洁净，村妇们喜欢到村外渠头水旺处洗涤。每到夏季，天气变化倏忽，于是在人多路远的洗涤处便造了亭子，以便在骤雨来时给妇女和跟在她们身旁的孩子避雨。芙蓉村南门外的一座，便常常挤满了红衫绿裤的妇女们，挎着鹅兜，抬头望漫天的黑云，心里焦急着回家给下田辛苦的男人做饭。相同的理由，在村外的泉源、水井、渡口也都有亭子，例如溪南村的泉源、西岸村的瓠瓜井、渡头村的渡口等处的亭子。

谯亭虽说是防卫用的，一般紧靠在寨门里或者俯视着矴步，但平时也都是休闲的场所，所以同样轻快爽朗。如廊下村、坦下村、岭下村、下烘头村等的谯亭。有些谯亭甚至很华丽，如花坦村东门内的，有很精美的藻井和供三官大帝的神厨。

除了四面全空点缀园林风景和公共休闲中心的亭子之外，大多数亭子都有三官大帝的神厨，有繁有简。有些亭子因此就叫作三官庙或三官殿，但一般功用不变。所以三官庙遍布村头路边，勾画出农业社会的特色。

路亭多三开间的，作歇山顶或悬山顶，一面或两面或三面有粉壁。道路经过亭前或穿亭而过。也有一些路亭是方形的，歇山顶。其他各类亭子也以方形的居多。芙蓉村芙蓉亭是两层楼阁式的，歇山顶，岩头村花亭是重檐攒尖顶，上烘头村的路亭依山势作两层，都很少见。亭子不但出檐宽阔，攒尖顶和歇山顶翼角格外高挑，十分舒展飘洒，被纤巧轻灵的木构架托着，生动得像要飞去。下面有弯弯的美人靠，围着亭子的四面或三面，显得饱满而柔和。溪南村村外有一座路亭，东南壁设三官大帝神龛，左右侧敞开设美人靠，西北面用粉壁遮挡，开瓶式仿形门，正把芙蓉峰镶在门框里，像一幅山水画，很有巧思。

亭里成日都有老年人休憩，款声轻语聊着古今。村子的历史故事，也在这样的闲聊中流传下来，越传越增添暖人心房的人情味。常常聊到的是一个关于苍坡村望兄亭和方巷村送弟阁的故事。这是一对兄弟相亲相爱的故事。两座亭子都一样：方形，歇山顶，有美人靠。现在亭子已经不是宋代原物，但结构仍有古意。望兄亭是苍坡村公共园林的重要景点，位于东池的南端，与水月堂相对。望兄亭上楹联写着："礼重人伦明古训；亭传佳话继家风。"这一对亭子的故事像江水一样明艳，教人想起永嘉另一方池塘，谢灵运思念弟弟的梦中那春草渐生的池塘。一千年的教化，就这样滋润着乡人们的心田。

楠溪江人的山水情怀深深，他们不仅欣赏自然之美，还要点染山水。楠溪江大小村落往往都有亭阁台榭之类的风景小品建筑。记载最早的是北宋进士、宝章阁侍制陈余师在莲下村"筑一笑、拨云二亭于富岩以观瀑"（见《两源陈氏大宗谱》）。谢康乐的后裔在风景奇秀的鹤阳村有几座点景小品，《谢氏宗谱》载，元代至正年间建兰玉台，明代则建临清楼和临流亭。由鹤阳谢氏迁去建立的鹤盛村，村口小山上也有亭榭。

亭子也可有娱乐的用途。水云村的赤水亭建于光绪壬辰年（1892），它位于一道断坎上，村路沿断坎上缘走过，在断坎外侧造了这个路亭。路亭背后是低落近两米的溪边平地，于是，面对平地、背靠路亭造了一座戏台。戏台面与路亭地面持平。观众就在平地上看戏。路亭是村民的休闲场所，美人靠上终日有人袒胸跣足，纵论天下古今、稻黍桑麻。演戏时，路亭便是后台。亭与台之间有板障，向路亭的一面供三官大帝，向戏台的一面是太师壁。台缘有细巧的花格栏杆，防护演员，不高，不妨碍看戏。亭和台的天花板都布满彩画，题材都是戏文故事，色彩十分鲜艳灿烂。所有的柱子上都有楹联，是村人清代孝廉陈子万撰写的。亭子上的有："观鱼槛外桃花浪，系马阶前柳叶风。"十分潇洒闲适。戏台上的有："听空中馨刻如歌乎？是活现情形非戏也。"很幽默俏皮，并不像常见的那样板起脸来讲忠孝节义或者人生虚实，这倒也符合楠溪江的乡土文化特色。

后记

十年来，我陪过好几批朋友到楠溪江中游的村子里去参观。他们一个个地都埋怨我，说我害了他们："看过楠溪江的村子，再看别处，就没有味道了。"

这样的埋怨，听起来甜丝丝的，很教我有点儿得意。毕竟我们是选中了楠溪江中游作为乡土建筑研究的起步点的，毕竟是我们给楠溪江中游的乡土建筑做了最早的全面而深入的研究的。

和朋友们一起，我刚到楠溪江，立即被那儿村落和房舍的美感动了，它们一下子抓住了我的心。楠溪江的风光是美的，是江南典型的那种秀色可餐的美。一道道山，一道道水，山是青的，水是明的，山护着水，水照着山，山上的松林连着水上的滩林，郁郁葱葱，绿成了片，四季都活跃着蓬勃的生机。第一次去是深秋，浓绿中有金黄、有艳红，那是枫叶和丹柿。第二次去是暮春，漫山遍野开满了烂漫的油桐花。第三次是中秋之夜，月光下，渔火点点，打鱼人敲着低沉的木梆。再以后，有盛夏又有初冬，有时候阳光灿烂，有时候雨雾迷蒙。那迷蒙中的景致，仿佛有活生生的灵性，欢快地不停变幻着，白云舒卷游动，江上山上，一忽儿有的没了，一忽儿没的又有了。那村子，那房舍，就散落在这样的山麓水滨，它们在清风明月下生，在莺啼鹿鸣中长，它们是大自然的亲骨肉。

水云村住宅（李玉祥 摄）

楠溪江建筑没有皖南民居的精致，没有晋中大院的豪华，也没有闽西土楼的壮观，但它们把楠溪江姑娘的清纯灵秀、老农的朴实坦诚和在乡文人的儒雅散淡融入进去了，它们便那么和谐宁静，潇洒自如。

　　我们当然不是为了美的陶醉才研究乡土建筑的。几十年来，千难万难，在残酷斗争的夹缝中读了中外那么多建筑书，我越来越疑惑，为什么我们一点儿不知道那支撑着整个社会的普普通通的人们是怎么样用建筑营造了他们的生活环境的，他们是怎样生活的？他们的生活对建筑提出过什么要求？他们又怎么自己动手满足了这些要求？建筑环境是他们生活的条件，又是他们生活的舞台。这是他们的创造物，他们在建筑环境中倾注了多少爱好和愿望，这里面有他们的性情、襟怀和价值追求。就像熟读了二十四史，知道了秦皇汉武，唐宗宋祖，却仍然对中国古代社会一无所知一样，读了多少建筑著作，仍然只知道故宫、天坛，东一座佛寺、西一座道观。这样的知识太贫乏可怜了。于是，我们决心开创一项工作，去研究一个个底层生活圈或文化圈的建筑环境，系统地、全面地、历史地。我们选择村落作为我们研究的对象，这在中国还是一个空白。在农耕社会里，血缘村落是一个独立完整的生活圈，它是保持着社会各项特性的最小的基本单元，就像分子之于物质一样。这样的研究当然要从研究生活下手，它于是就是一种文化研究了。

　　我们走出书斋，走向广阔的天地，上山下乡了。我们感到从来没有过的兴奋，在小巷口，在农家院，在风雨桥头，我们每时每刻都能吸收到多少新鲜的知识哟，都像是带着清晨露珠的油菜花，那露珠还映着初升的太阳闪光呢！我们不知道传统的纯农业乡村的生活原来那么丰富，乡村的建筑因此有那么多的类型：表彰好人好事的有旌善亭，批评坏人坏事的有申明亭，报洪水汛情的有烽火台，防盗寇劫掠的有堡寨、碉楼甚至地道。在楠溪江，我们冒着四十多度的高温，步行翻过四道山岭，来到一个刚刚在二十几天前才拉通了电线的叫岩龙的小村子，只有二十来户人家，竟看到一座古老的书院，祠堂门前立着进士旗杆。我们也不知道简简单单的住宅里竟有那么多讲究，堂屋里，除了四代近祖神主，还有财神、天地神、"各路诸神"的龛座，甚至有鲁班先师和阴阳师的专设香案。随着妇女的社会地位和生活习俗的不同，各地的住宅有那么多细致的变化：有的便于一层层禁锢她们，有的便于让她们参加农业劳动并且及早分炊独立主持家务，有的娘家陪送她们一生的需用，甚至为她们在婆家院子里打一口井，连喝水都不必喝婆家的，免得受气。一个村落是一个文化宝库，乡土建筑的文化含量竟像一座博物馆。

有一句聪明的话传扬四海，说的是："建筑是社会的史书。"乡土建筑是乡土社会的史书库。我们有家谱、碑铭、地方志，我们有传说、谣谚，我们有各种各样的书信、账单之类的文字资料，乡土建筑都能把它们吸纳进来，综合起来，它是最系统全面、最生动直观的一座奇妙的史书库。

乡土生活和乡土文化的博物馆兼史书库，这就是中国大地上无数古老的村落。

可惜，它们却是一座座被荒废了、被埋没了的博物馆和史书库。人们太喜欢坐在城市的图书馆里皓首穷经了。一代又一代，我们对祖国历史的认识还是书本里早就有了的那些，并没有多少新的增添。

但是，我们的村落博物馆和史书库却在以极快的速度一天天地遭到破坏，遭到毁灭。我们很快便将永远地失去它们，永远地、不可挽回、不可再现、不可弥补地失去它们！再不紧急抢救，我们将永远没有可能去全面地认识我们的乡土历史文化，而乡土的历史文化在过去上千年的岁月里真正是我们民族的血液。天下轮流坐，皇朝一茬一茬地换，乡土社会才是我们民族最稳定的主体，失去了对它的记忆，就失去了一大半对民族的记忆。

1990年5月，我到楠溪江做初步踏查的时候，芙蓉村里芙蓉池畔的芙蓉书院还完整如初。那是一座明代的建筑物，泮池、棂星门、杏坛、明伦堂、山长住宅，一层层房舍俨然。考虑到8月要来正式测绘，我连照片都没有拍。不料，离开之后第五天，它竟一把火烧成了灰烬。花坦村有一座木构大宅，乡人们叫它宋宅，后院的石井圈上刻着"宝庆二年"几个字，虽然大宅本身的建造年代难以确定，但它毫无疑问极其古老，应该是文物珍品。由于没有人照料，它熬不过1997年，倒塌了，幸好我们给它留下了一份测绘图和几张照片。岩头村一座明代的书院，后来改作创立者的专祠，乡人叫它水亭祠，布局十分高雅优美，我们当年给它画了测绘图和总平面复原图，1998年，它也倒塌成了一堆废墟。本书的摄影者李玉祥先生，1997年赴楠溪江摄影之前，我给他详细介绍了情况，推荐了一些非照不可的镜头。他回来之后，高兴得嗓门都提高了好几度，但是，却不断地夹杂一声声长长叹息，某个建筑物没有了，某个画面不行了，某处又被白瓷砖贴面的楼房挤满了。1998年他第二次再去楠溪江，回来以后，叹息就更多了。花坦宋宅和岩头水亭祠的厄运就是很沉重的两声叹息。宋宅的主人，一位八十多岁的老翁，拄着拐杖，一脸无可奈何的愁苦，站在废墟前，这是李玉祥给楠溪江乡土建筑拍下的教人心肝俱裂的讣告式照片。

在更多的地方，乡土建筑面临着灭顶之灾。

很多人已经懂得，要保护物种的多样性，一个物种的灭绝是一宗巨大的损失，但还没有几个人懂得，要保护文化的多样性，一种文化的灭绝是更巨大的损失。人们已经广泛行动起来保护熊猫、金丝猴和白鳍豚，甚至举起了法律的武器，但还没有几个人行动起来保护乡土建筑，这乡土文化的最基本部分，乡土文化的博物馆和史书库。生态环境，目前被绝大多数人仅仅理解为自然的生态环境，有几个人明白，还有文化的、人文的生态环境？即使我们能和东北虎亲密地一起散步，如果散步在一个没有历史记忆的环境里，我们也已经失去了生态环境的和谐。

十几年来，我们焦急地呼喊过，还继续呼喊，在全国范围里，赶快系统地选择一些有特色的、成就高的、信息含量丰富的、完整的村落或村落群，好好保护起来，作为我们民族历史和文化的见证，留传下去。可惜，"响低声自近"，有谁听见了我们的呼喊？几位身负其责的人，热情虽高，但位卑权小，难有多少作为。

趁此机会，我再呐喊几声：救救乡土建筑！"子规夜半犹啼血，不信东风唤不回"，我的信心早已动摇，东风未必唤得回来，但我还要做这样一只小小的子规，日日夜夜地啼叫，直到喉咙里溅出最后一丝血。鲁迅先生说过，把美好的东西毁灭给你看，这就是悲剧，我们正看着这出悲剧在上演，要把更多的人喊醒来看吗？